Zukunft der Arbeit in Industrie 4.0

Alfons Botthof · Ernst Andreas Hartmann

Herausgeber

Zukunft der Arbeit in Industrie 4.0

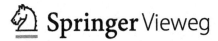

Herausgeber
Alfons Botthof
Institut für Innovation und Technik (iit)
der VDI/VDE Innovation + Technik GmbH
Berlin, Deutschland

Ernst Andreas Hartmann
Institut für Innovation und Technik (iit)
der VDI/VDE Innovation + Technik GmbH
Berlin, Deutschland

ISBN 978-3-662-45914-0   ISBN 978-3-662-45915-7 (eBook)
DOI 10.1007/978-3-662-45915-7

Die Deutsche Nationalbibliothek verzeichnet diese Publikation in der Deutschen Nationalbibliografie; detaillierte bibliografische Daten sind im Internet über http://dnb.d-nb.de abrufbar.

Springer Vieweg

Gedruckt auf säurefreiem und chlorfrei gebleichtem Papier

Springer Berlin Heidelberg ist Teil der Fachverlagsgruppe Springer Science+Business Media
(www.springer.com)

Vorwort

Deutschland ist in mehrfacher Hinsicht von technologieinduzierten Transformationsprozessen gekennzeichnet. Die klassische Energiewirtschaft vollzieht gegenwärtig einen nicht leichten Wandel hin zu einer Energieversorgung auf Basis erneuerbarer Energien. Dabei werden die deutschen Akteure aus dem Ausland höchst interessiert beobachtet. Auch in einem anderen Feld traditioneller Stärke der deutschen Volkswirtschaft erfährt Deutschland gegenwärtig eine hohe Aufmerksamkeit: Der industrielle Sektor, das produzierende Gewerbe, der Maschinen und Anlagenbau vollzieht einen weiteren dramatischen Wandel aufgrund einer beschleunigt zunehmenden Digitalisierung von Produkten, Prozessen und Dienstleistungen und der Vernetzung der physikalischen Welt mit der Welt des Internet; seit Jahren mit „Internet der Dinge" überschrieben.

Innovationspolitisch thematisiert und aufgegriffen wird diese Entwicklung in Deutschland mit dem „Zukunftsprojekt Industrie 4.0", das in dem Technologieprogramm „Autonomik für Industrie 4.0" des Bundesministeriums für Wirtschaft und Energie (BMWi) seine konkrete Ausprägung und Förderung erfahren hat.

Die Begrifflichkeit Industrie 4.0 bringt zweierlei zum Ausdruck: Zunächst kennzeichnet sie eine vierte Stufe der Entwicklung in der produzierenden Wirtschaft: Nach der Einführung mechanischer Produktionstechnik im späten 18. Jahrhundert folgte die mithilfe elektrischer Energie ermöglichte arbeitsteilige Massenproduktion am Beginn des 20. Jahrhunderts und Mitte des letzten Jahrhunderts durch den zunehmenden Einsatz von Elektronik und Informationstechnik eine weitere Automatisierung der Produktion. Die vierte Stufe der sog. industriellen Revolutionen wird bestimmt durch das Internet als Infrastruktur und der Verbindung physikalischer Objekte mit dem Internet durch Cyber-physikalische Systeme. Damit werden Unternehmen künftig in die Lage versetzt, Maschinen, Lagersysteme und Betriebsmittel so zu vernetzen, dass diese eigenständig Informationen austauschen, Aktionen auslösen und sich wechselseitig selbständig steuern können.

Gleichzeitig verdeutlicht die „Versionsbezeichnung" 4.0, dass diese Entwicklung nicht nur vom klassischen Maschinen- und Anlagenbau sondern in hohem Maße von der IT-Industrie getrieben werden wird.

Diese Entwicklungen hatten in der Vergangenheit und werden auch heute großen Einfluss nehmen auf Beschäftigung an sich und die Arbeit von Beschäftigten in den Unternehmen. Wenn früher „Die Weber" ohnmächtig kämpften und später in England noch die „Maschinenstürmer" drastisch Entwicklungen zu verhindern suchten, so prägen heute konstruktive Debatten um die Zukunft von Arbeit im digitalen Zeitalter die Auseinandersetzung zwischen den Sozialpartnern. Es geht um Arbeitsqualität, wie Konzepte für Tätigkeitsstrukturen, die an Akzeptanz, Leistungs- und Entwicklungsfähigkeit, Wohlbefinden und Gesundheit arbeitender Menschen ausgerichtet sind. Es geht um Fragen der Lernförderlichkeit von Arbeitsumgebungen in der Industrie 4.0 und dem Zusammenwirken von Automaten/Robotern und Menschen sowie um neue Chancen verbunden mit arbeitsorganisatorischen Lösungen. Die Sozialpartner tun dies zum rechten Zeitpunkt und innovationspolitische Initiativen wie das Programm „Autonomik für Industrie 4.0" des Bundesministeriums für Wirtschaft und Energie (BMWi) flankieren diese Entwicklungen durch Analysen und Diskurse zu sozio-technischen Fragestellungen unter Einbezug der Betroffenen resp. deren Vertreter. Damit tragen alle zu einem zugegeben leicht emotionalisierbaren Thema mit hoher Sachlichkeit bei.

Die hier vorgelegte Publikation folgt einem grundlegenden Verständnis von Industrie 4.0 als einem sozio-technischen System, in dem technologische Entwicklungen, gesellschaftliche Bedürfnisse und ökonomische Herausforderungen in ihren Wechselwirkungen betrachtet werden und fokussiert auf die zentrale Frage einer Gesellschaft: *Wie steht es um die Zukunft der industriellen Arbeit und welche Bedeutung hat diese für Beschäftigte und Beschäftigung in Deutschland?* Diese Frage kann heute sicherlich nicht abschließend beantwortet werden. Allerdings wird mit dieser ersten Publikation begonnen, das Spektrum der Herausforderungen – Chancen und Risiken – umfassend zu verdeutlichen und den aktuellen Diskurs unter den Beteiligten zu skizzieren. Herausgeber und Autoren erhoffen sich damit einen Impuls für die weitere konstruktive Auseinandersetzung um die Ausgestaltung der digitalen Arbeitswelten.

Das Format dieser Publikation als „E-Book" gestattet und erhofft sich eine lebendige Debatte, die dann in folgenden Aktualisierungen diesen Diskurs angereichert um zwischenzeitlich gewonnene praktische Erfahrungen, arbeitswissenschaftliche Erkenntnisse und Ergebnisse sozio-technischer Analysen wiedergeben wird. In diesem Sinne wünschen wir allen Leserinnen und Lesern dieser Erstausgabe nützliche Anregungen und Erkenntnisse und freuen uns auf Ihre Kommentare und Einflussnahmen auf die weitere Debatte.

Berlin, Deutschland   Alfons Botthof
November 2014   Ernst Andreas Hartmann

Inhaltsverzeichnis

Einordnung und Hintergründe

Zukunft der Arbeit im Kontext von Autonomik und Industrie 4.0

Alfons Botthof

Mit dem Zukunftsprojekt „Industrie 4.0", das ein zentrales Element der Hightech-/ Innovations-Strategie der Bundesregierung darstellt, soll die Informatisierung der klassischen Industrien, wie z. B. der Produktionstechnik, vorangetrieben werden (Abb. 1). „Auf dem Weg zum Internet der Dinge soll durch die Verschmelzung der virtuellen mit der physikalischen Welt zu Cyber-Physical Systems und dem dadurch möglichen Zusammenwachsen der technischen Prozesse mit den Geschäftsprozessen der Produktionsstandort Deutschland in ein neues Zeitalter geführt werden."[1]

Handlungsfelder Industrie 4.0
- **Sicherheit** als erfolgskritischer Faktor
- **Recht**liche Rahmenbedingungen
- **Arbeitsorganisation** und **Arbeitsgestaltung** im digitalen Industriezeitalter
- **Normung, Standardisierung** und **offene Standards** für eine Referenzarchitektur
- Beherrschung **komplexer Systeme**
- Flächendeckende **Breitbandinfrastruktur** für die Industrie
- **Aus- und Weiterbildung**
- **Ressourceneffizienz**
- **Neue Geschäftsmodelle**

Quelle: Arbeitskreis Industrie 4.0 (Forschungsunion, acatech):
Umsetzungsempfehlungen für das Zukunftsprojekt Industrie 4.0, April 2013

---

[1] Promotorengruppe Kommunikation der Forschungsunion Wirtschaft – Wissenschaft (Hg.): Im Fokus: Das Zukunftsprojekt Industrie 4.0 – Handlungsempfehlungen zur Umsetzung, März 2012, S. 8.

A. Botthof (✉)
Institut für Innovation und Technik (iit), Berlin, Germany
e-mail: botthof@iit-berlin.de

A. Botthof, E.A. Hartmann (Hrsg.), *Zukunft der Arbeit in Industrie 4.0*,
DOI 10.1007/978-3-662-45915-7_1

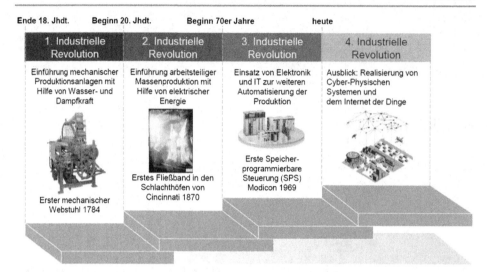

Abb. 1 Industrie 4.0; *Quelle*: Picot/Münchner Kreis, in Anlehnung an Forschungsunion (2012), http://www.forschungsunion.de/pdf/kommunikation_bericht_2012.pdf (zuletzt besucht am 05.05.2014)

Verfolgte man den Prozess der Diskussion rund um das Zukunftsprojekt Industrie 4.0, zunächst im Kreis der Promotorengruppe Kommunikation innerhalb der Forschungsunion und dann in Vertiefung im gleichnamigen Arbeitskreis unter dem Vorsitz von Henning Kagermann (Deutsche Akademie der Technikwissenschaften – acatech) und Siegfried Dais (Robert Bosch Industrietreuhand KG), so konnte man feststellen, dass sehr intensiv auch über die Wirkungen von Industrie 4.0 auf die Qualität der Arbeit, die Qualifikationserfordernisse, neue Formen der Arbeitsorganisation und Veränderungen im Zusammenspiel zwischen Mensch und Technik nachgedacht wurde. Zunächst unter der nicht ganz glücklich gewählten Überschrift „Faktor Mensch",[2] dann „Mensch und Arbeit" befasste man sich mit dem absehbaren Paradigmenwechsel in der Mensch–Technik- und Mensch–Umgebungs-Interaktion und den damit verbundenen neuartigen Formen der kollaborativen Fabrikarbeit. In der Überzeugung, dass auch die Smart Factory im Rahmen von Industrie 4.0 keineswegs menschenleer sein wird, wurden zudem die Anforderungen an die Fähigkeiten und das Wissen von Beschäftigten in einem sich verändernden Arbeitsumfeld, bestimmt von komplexen Prozessen, technologisch anspruchsvollen Anlagen und Werkzeugen, ausführlich thematisiert. Neben kurz- und mittelfristigen Handlungsfeldern (bspw. Assistenzsysteme als „Fähigkeitsverstärker" physischer und kognitiver Leistungen, kollaborative industrielle Serviceroboter, Apps für eine software-basierte Konfiguration von Anlagen oder auch AR-Technologien zur schnellen Einweisung in Fertigungsprozesse oder zur Lernunterstützung) wurde eine Qualifizierungsinitiative vorgeschlagen, die sowohl die gewerbliche als auch hochschulische Aus- und Weiterbildung adressiert.

---

[2]Ebenda S. 33 ff.

Dieser Themenkomplex ruft traditionell auch die Sozialpartner auf den Plan, die jeder für sich erkannt haben, dass Industrie 4.0 oder – etwas allgemeiner formuliert – der Trend zur zunehmenden Informatisierung der Arbeitswelt potenziell starke Auswirkungen auf die Beschäftigten und deren Situation in den Betrieben generell und spezifisch auf Formen der Arbeitsorganisation haben wird. Dies betrifft insbesondere die Qualität der Arbeit – einschließlich Faktoren wie Arbeitszufriedenheit und Gesundheit – sowie das allgemeine Qualifikationsniveau wie auch die spezifisch notwendigen Qualifikationen und Kompetenzentwicklungsprozesse.

Bereits vom Juli 2009 liegt ein Arbeitspapier der Gewerkschaften zum Internet der Dinge und der Informatisierung der Arbeitswelt und des Alltags vor.[3] Sehr ausgewogen wurden hier im Anwendungsfeld „Produktion – Fertigungsplanung" negative wie positive Wirkungen diskutiert. So werden hier beispielsweise durch die Automatisierung und Dezentralisierung von Steuerungsprozessen („Halbzeuge" und Komponenten tragen die Information über die nächsten Prozessschritte mit sich und kommunizieren autark mit Bearbeitungswerkzeugen und Fertigungsstraßen) einerseits Verluste an Kontroll- und Steuerungsmöglichkeiten befürchtet andererseits aber auch die Chancen einer besseren Anpassung der Gesamtprozesse an individuelle Anforderungen. „Welche konkreten Auswirkungen für die Beschäftigten auftreten hängt sehr stark von den jeweils konkret realisierten Organisations- und Technikkonzepten der Betriebe ab. Sowohl hinsichtlich der Technik wie hinsichtlich der Organisation gibt es Alternativen, zwischen denen gewählt werden kann. Notwendig sind konkrete Technik- und Organisationsentwicklungsprojekte, die dazu dienen, die Machbarkeit und Wirtschaftlichkeit von menschenzentrierten Betriebs- und Technikmodellen zu demonstrieren."[4]

Diese Reflexionen innerhalb der Gewerkschaften wurden u. a. ausgelöst durch Diskussionen auf europäischer Ebene[5] zu neuen Modellen der Organisation von Unternehmen und unternehmensübergreifenden Netzen bis hin zur „fabriklosen Fertigung", der individualisierten Massenfertigung sowie den sich selbst konfigurierenden oder gar selbst organisierenden Produktionssystemen, wie diese auch als Szenario in Industrie 4.0 beschrieben werden.

In den Handlungsempfehlungen des Abschlussberichts des Arbeitskreises Industrie 4.0, an denen Gewerkschaftsvertreter mitwirkten, finden sich die zentralen Zielsetzungen, die im Rahmen einer Arbeitsgruppe der Plattform Industrie 4.0 verfolgt werden sollen:

---

[3] Botthof, A., Bovenschulte M. (Hg.): Das „Internet der Dinge" – Die Informatisierung der Arbeitswelt und des Alltags; Arbeitspapier 176, im Auftrag der Hans Böckler Stiftung, Juli 2009.

[4] Ebenda S. 32.

[5] So z. B. die Roadmap resp. Strategic Research Agenda der europäischen Technologieplattform MANUFUTURE (siehe www.manufuture.org).

So wird man sich inhaltlich befassen mit

- den Auswirkungen für Arbeit und Beschäftigung (Chancen und Risiken) sowie Handlungsbedarfe im Hinblick auf eine beschäftigtenorientierte Arbeits- und Qualifizierungspolitik.
- Orientierungs- und Handlungshilfen für die Weiterentwicklung und Implementierung des sozio-technischen Gestaltungsansatzes sowie entsprechender Referenzprojekte.
- innovativen Ansätzen partizipativer Arbeitsgestaltung und lebensbegleitender Qualifizierungsmaßnahmen, die über Altersgruppen, Geschlecht und Qualifikationsniveaus hinweg die ganze Breite der Belegschaften berücksichtigen.

Darüber hinaus wird ein regelmäßiger Dialog zwischen den Sozialpartnern empfohlen, in dem wichtige Fortschritte, Problemfelder und Lösungsmöglichkeiten bei der Umsetzung von Industrie 4.0 transparent gemacht und beraten werden.[6]

In diesem thematischen Umfeld hat die vom Bundesministerium für Wirtschaft und Energie beauftragte Begleitforschung zum Technologieprogramm Autonomik[7] in der Befassung mit den geförderten FuE-Vorhaben das Handlungsfeld „Mensch–Technik-Interaktion" als ein wichtiges Querschnittsthema identifiziert. Folgende Fragenkomplexe wurden hier u. a. behandelt:[8]

- Wie wird ein autonomes System/ein autonomer Prozess in die Arbeitsorganisation integriert?
- Welche Auswirkungen sind hinsichtlich Arbeitsinhalte, Aufgaben, Verantwortungsbereiche der Nutzer zu erwarten?
- Wie könnte im Hinblick auf das körperliche und geistige Leistungsvermögen der Nutzer und der Entwicklung dieses Leistungsvermögens eine günstige Arbeitsorganisation aussehen?
- Welche Gestaltungsanforderungen und –optionen ergeben sich für autonome Systeme?
- Welche Gestaltungskriterien können aus der Sicht der Mensch–Technik-Interaktion für autonome Systeme formuliert werden?
- Welche Erkenntnisse und methodische Hilfsmittel gibt es, auf denen aufbauend Fragen der Mensch–Technik-Interaktion im Entwicklungs- und Gestaltungsprozess effektiv und effizient adressiert werden können?

---

[6]Kagermann, H., Wahlster, W., Helbig, J. (Hg.): Umsetzungsempfehlungen für das Zukunftsprojekt Industrie 4.0, Abschlussbericht des Arbeitskreises Industrie 4.0; April 2013; S. 58.

[7]Die Begleitforschung verantwortete das Institut für Innovation + Technik (iit) in Berlin; Laufzeit des Technologieprogramms „AUTONOMIK – autonome und simulationsbasierte Systeme für den Mittelstand": 2009 bis 2013.

[8]Die gewonnenen Erkenntnisse und daraus abgeleitete Empfehlungen sind zusammengefasst in: Bundesministerium für Wirtschaft und Technologie (Hg.): Mensch–Technik-Interaktion – Leitfaden für Hersteller und Anwender; Berlin, Jan. 2013.

Diese Fragestellungen werden im laufenden Technologieprogramm des BMWi, „Autonomik für Industrie 4.0", erweitert und auf industrielle Prozesse hin konkretisiert. Zusammen mit dem Vorläuferprogramm „Autonomik – autonome und simulationsbasierte Systeme für den Mittelstand" versteht sich „Autonomik für Industrie 4.0" als Wegbereiter der vierten industriellen Revolution und stellt den zentralen Beitrag des Wirtschaftsministeriums zum Zukunftsprojekt Industrie 4.0 der Bundesregierung dar.

Konsequenter noch als durch seinen Vorgänger sollen mit dem Technologieprogramm „AUTONOMIK für Industrie 4.0"[9] modernste I&K-Technologien mit der industriellen Produktion unter Nutzung von Innovationspotenzialen verzahnt und die Entwicklung innovativer Produkte und Prozesse beschleunigt werden. Übergeordnetes, wirtschaftspolitisches Ziel ist es, Deutschlands Spitzenstellung als hochwertiger Produktionsstandort und als Anbieter für modernste Produktionstechnologien zu stärken.

Hierzu gehen exzellente, im Technologieprogramm sorgsam ausgewählte Verbundvorhaben an den Start, denen allesamt ein hohes Innovationspotenzial zugeschrieben wird.

Die geförderten Vorhaben in den Feldern Produktion, Logistik und Robotik befassen sich u. a. mit

- mobilen Assistenzsystemen und Internetdiensten,
- der Plug&Play-Vernetzung von Maschinen und Anlagen,
- autonom handelnden, fahrerlosen Transportfahrzeugen,
- bionisch gesteuerten Fertigungssystemen für die Herstellung kundenindividueller Produkte,
- mit Schutz- und Sicherheitskonzepten für die Zusammenarbeit von Mensch und Roboter in gemeinsamen Arbeitsbereichen,
- der Inventur von Lagerbeständen mit autonomen Flugrobotern,
- der Planungs- und Entscheidungsunterstützung bei der Auswahl industrieller Serviceroboter,
- autonomer Echtzeitassistenz für Fertigungsmitarbeiter,
- 3D-gestützter Engineering-Plattform für die intuitive Entwicklung und effiziente Inbetriebnahme von Produktionsanlagen,
- der Plug&Play-Integration von Robotern in der Industrieautomatisierung,
- der dezentralen Produktionssteuerung für die Automobilindustrie und
- der automatischen Einzelstückfertigung von Sportschuhen und Textilien.

Nahezu alle Projektkontexte weisen einen hohen Bezug zum Thema „Veränderungen in der Arbeitswelt" auf und versprechen hohe Aufmerksamkeit zu erzielen sowie Breitenwirkung in der „community of practice" zu Industrie 4.0 zu entfalten.

Es wird sich lohnen, die Vorhaben mit den in dieser Veröffentlichung zusammengetragen Erfahrungen der Autonomik-Vergangenheit, den Erkenntnissen der Arbeitswissenschaften zu konfrontieren und als konkrete Anwendungsfälle in die Diskussionen bspw.

---

[9]Siehe www.autonomik40.de.

der Plattform Industrie 4.0 einzubringen. Dabei steht zu erwarten, dass Thesen und Befunde validiert, Erkenntnisse weiter präzisiert und gute Praktiken entwickelt und kommuniziert werden können. Einerseits wird zu prüfen sein, welche vorhandenen Wissensbestände zur Arbeitsorganisation und zur Arbeitsgestaltung prinzipiell auch auf den Einsatz autonomer Systeme in der Industrie 4.0 anzuwenden sind. Andererseits gilt es die Entstehung ganz neuartiger Herausforderungen durch autonome Cyber-Physikalische Systeme genauer zu analysieren.

Neben dem Thema „Zukunft der Arbeit" richten sich begleitende Forschungs- und Unterstützungsmaßnahmen im Technologieprogramm unter Einbindung einschlägiger Experten und Interessenten aus Industrie und Wissenschaft auf weitere Themen, die Einfluss nehmen auf Innovationsprozesse und -geschwindigkeiten im Innovationsfeld „Industrie 4.0". Als innovationsunterstützende und -beschleunigende Maßnahmen stehen diese für ein holistisches Verständnis der Innovationsförderung, die nicht alleine auf technologische FuE-Projekte und prototypische Lösungen zielt. Einige dieser erfolgskritischen Innovationshemmnisse weisen in Ausprägungen auch Querbezüge zum Thema „Arbeit" auf. Folgende Handlungsfelder seien beispielhaft genannt, die in den Autonomik-Programmen durch die Begleitforschung prioritär analysiert und mit Aktivitäten der zuständigen resp. betroffenen Stakeholder untersetzt werden:

- **Rechtliche Herausforderungen**
  Anforderungen an den Arbeits- und Datenschutz, der rechtskonforme und sichere Einsatz autonomer Systeme, straf-/zivilrechtliche Haftung, Betriebszulassung/Zertifizierung, Risk Management – Versicherungsfähigkeit, Fragen der sensiblen Weiterentwicklung des Rechtssystems.
- **Normung und Standardisierung**
  Normen und Standards als Grundlage für Industrie 4.0, Entwicklungsbegleitende Normung, Referenzarchitekturen, Konkretisierung und Weiterentwicklung einer nationalen Normungsroadmap.
- **IT-Sicherheit für Industrie 4.0**
  Schutz der IT-basierten Infrastruktur vernetzter Maschinen und Anlagen zur Automatisierung, Überwachung und Steuerung von industriellen Prozessen vor Spionage und Sabotage. Security-by-design, neue Sicherheitsarchitekturen, Einhaltung von Verhaltensmaßregeln, Gesetzen und Richtlinien (Compliance) mit arbeitsorganisatorischen Implikationen.

Arbeitsgestaltung für Industrie 4.0: Alte Wahrheiten, neue Herausforderungen

Ernst Hartmann

Einleitung

Das Zukunftsprojekt ‚Industrie 4.0‘ wurde als ‚strategischer Leuchtturm‘ für die deutsche Innovationspolitik vorgeschlagen und entwickelt (Promotorengruppe 2013). Dies erscheint auch insofern als sinnvoll, als sich die Stimmen mehren, die in einem substanziellen Anteil industrieller Produktion an der Gesamtwirtschaftsleistung einen bedeutsamen Faktor der Innovationsfähigkeit von Volkswirtschaften sehen. Diese Sichtweise spiegelt sich etwa sehr deutlich in den Analysen der Forschungsgruppe ‚Production in the Innovation Economy‘ (PIE) des Massachusetts Institute of Technology wider (MIT; Locke und Wellhausen 2014).

Der Arbeitsgestaltung wurde in der Entwicklung des Konzepts ‚Industrie 4.0‘ von Anfang an hohe Bedeutung beigemessen, dies zeigt sich auch deutlich im Abschlussbericht des Arbeitskreises Industrie 4.0 (Promotorengruppe 2013).

Als innovationspolitisches Zukunftsprojekt steht Industrie 4.0 somit in der Tradition deutscher Industrie- und Arbeitskultur. Vor diesem Hintergrund soll in diesem Beitrag ein Rückblick auf die Forschung und Praxis der Arbeitsgestaltung in Deutschland während der letzten fünf Jahrzehnte verbunden werden mit einen Ausblick auf neue Herausforderungen, die mit den technischen Möglichkeiten cyberphysikalischer Systeme einhergehen.

Dabei wird sich zeigen, dass viele aktuelle Fragestellungen und Gestaltungsszenarien eine lange Geschichte haben. Es könnte auch sein, dass gerade heute im Kontext der Industrie 4.0 die Zeit zur Umsetzung einiger ‚alter‘ Ideen gekommen ist. Dafür gibt es zwei Wirkkräfte: Erstens erhöht der demografische Wandel den Druck, Prinzipien wie die lernförderliche Arbeitsorganisation oder die alternsgerechte Arbeitssystemgestaltung mit wesentlich größerer Ernsthaftigkeit zu verfolgen als in der Vergangenheit. Zweitens bieten

E. Hartmann (✉)
Institut für Innovation und Technik (iit), Berlin, Germany
e-mail: hartmann@iit-berlin.de

© The Author(s) 2015
A. Botthof, E.A. Hartmann (Hrsg.), *Zukunft der Arbeit in Industrie 4.0*,
DOI 10.1007/978-3-662-45915-7_2

cyberphysikalische Systeme neue Möglichkeiten, etwa wenn es darum geht, komplexe Informationen zu erfassen, aufzubereiten und zu visualisieren, um sie den Nutzern vor Ort zur Verfügung zu stellen.

Das oben bereits angesprochene Konzept der ‚lernförderlichen Arbeitsgestaltung‘ beziehungsweise der ‚lernförderlichen Arbeitsorganisation‘ wird im Folgenden eine große Rolle spielen. Dies ist sicherlich nur ein Aspekt der Arbeitsgestaltung, aber eben nicht irgendeiner. Die Frage, inwieweit die Gestaltung der Arbeit dazu beitragen kann, dass Menschen ihre Kenntnisse und Fähigkeiten über lange Zeiträume hinweg erhalten oder sogar steigern können, beschäftigt die Arbeitspsychologie seit mindestens einem halben Jahrhundert. Zugleich ist diese Frage für die Zukunft – angesichts länger werdender Erwerbsbiografien in Kontext des demografischen Wandels – von herausragender Bedeutung.

Die Darstellung wird sich an drei Phasen der Entwicklung orientieren: Konzepte der Humanisierung des Arbeitslebens aus den Siebziger- bis Neunzigerjahren stehen am Anfang. Eine zweite Phase von Forschungs- und Entwicklungsarbeiten unter dem Motto ‚Lernen im Prozess der Arbeit (LiPA)‘ kennzeichnet die Zeit unmittelbar nach der Jahrtausendwende. Eine gerade entstehende Forschungslinie stellt das arbeitsimmanente Lernen in einen innovationspolitischen Kontext.

Humanisierung des Arbeitslebens

Im Jahre 1974 richtete das damalige Bundesministerium für Forschung und Technologie der sozialliberalen Koalitionsregierung das Forschungsprogramm ‚Humanisierung des Arbeitslebens‘ ein. Damit gab es in Deutschland erstmalig ein nationales Forschungs- und Entwicklungsprogramm für die Arbeitsforschung und -gestaltung (Bieneck 2009).

Dieses Programm steht auch prototypisch für den Zeitgeist des ‚sozialdemokratischen Jahrzehnts‘ der Siebzigerjahre. Eine fortschreitende Demokratisierung der Gesellschaft – „Mehr Demokratie wagen!" – und erweiterte Partizipationsmöglichkeiten der Bürger waren Leitthemen. Demokratie und Partizipation sollten sich nicht nur auf die politischen, gesellschaftlichen und kulturellen Bereiche beziehen, sondern auch auf Wirtschaft und Arbeitswelt. Vor diesem Hintergrund ist auch die Verabschiedung des Mitbestimmungsgesetzes im Jahr 1976 zu verstehen.

Der Anspruch, die Wirtschafts- und Arbeitswelt zu demokratisieren, beschränkte sich dabei keineswegs auf Deutschland. Insbesondere die skandinavischen Länder verfolgten, den Traditionen ihrer gesellschaftlichen und wirtschaftlichen Kulturen folgend, ganz ähnliche Ansätze; als Beispiel sei das Programm ‚Industrielle Demokratie‘ in Norwegen genannt (Emery und Thorsrud 1976).

Im Umfeld des Programms ‚Humanisierung des Arbeitslebens‘ (HdA) und seiner – bis heute andauernden – Nachfolgeprogramme wurden wichtige Prinzipien der Arbeitsgestaltung formuliert, die immer noch Gültigkeit besitzen.

Auf einer ganz grundlegenden Ebene wurde das Konzept des soziotechnischen Systems (Emery und Trist 1960) – das in Ansätzen schon in den Fünfzigerjahren in Großbritannien am Tavistock-Institut entwickelt worden war (Trist und Bamforth 1951) – aufgegriffen und zu einer soziotechnischen Gestaltungsphilosophie weiterentwickelt.

Im Kern besagt dieses Konzept, dass industrielle Arbeitssysteme aus den Teilsystemen ‚Mensch', ‚Organisation' und ‚Technik' bestehen, die in der Gestaltung gemeinsam und in ihren wechselseitigen Abhängigkeiten betrachtet werden müssen. Dies erscheint uns heute einigermaßen offensichtlich, stellte aber eine völlig neue Perspektive dar in einer Zeit, die von einer quasi naturgesetzlichen Kraft des technologischen Fortschritts überzeugt war. Der überraschende Befund von Trist und Bamforth im Jahre 1951 bestand darin, dass eine fortgeschrittene Automatisierung – im Bereich des Steinkohlebergbaus – nicht, wie selbstverständlich erwartet, auch zu Rationalisierung und besserer Wirtschaftlichkeit geführt hatte. Als Grund dafür identifizierten die Autoren, dass durch die damals neue Technik der Kohlegewinnung etablierte und effiziente Formen der Arbeitsorganisation zwischen den Bergleuten zerbrochen worden waren.

Auch heutzutage ist es keineswegs selbstverständlich, dass Belange des Menschen und der Organisation bei Technikentwicklung und -einführung systematisch und effektiv berücksichtigt würden. Das Prinzip der soziotechnischen Gestaltung harrt immer noch seiner breiten und nachhaltigen Implementierung.

Ein weiteres wichtiges Konzept aus dem Umfeld der Humanisierung des Arbeitslebens ist die vollständige Tätigkeit oder vollständige Handlung (Hacker 1973; Volpert 1974). Winfried Hacker unterscheidet zwei Dimensionen der Vollständigkeit von Handlungen oder Aufgaben. Die sequenzielle Vollständigkeit bezieht sich darauf, dass zu den Aufgaben eines Beschäftigten nicht nur ausführende, sondern auch organisierende, planende und kontrollierende Operationen gehören. Hierarchisch vollständig sind die Aufgaben eines Arbeitsplatzes dann, wenn zu ihrer Erfüllung geistig mehr (z. B. Problemlösen) und weniger (z. B. Routineaufgaben) anspruchsvolle Operationen in einem angemessenen Verhältnis erforderlich sind.

Es wurde schon damals deutlich, dass vollständige Handlungsstrukturen die Basis einer lernförderlichen Arbeitsorganisation sind. Nur durch kognitiv anspruchsvolle Handlungselemente werden Kenntnisse und Fähigkeiten immer wieder gefordert und in ihrer Entwicklung gefördert. Zugleich wurde deutlich, dass soziotechnische Gestaltungsprinzipien aus zwei Gründen wichtige Instrumente der Umsetzung lernförderlicher Arbeitssysteme sind. Einerseits ist die Vollständigkeit von Aufgabenstrukturen eine direkte Konsequenz der jeweils herrschenden Organisationsphilosophien (z. B. mehr oder weniger ausgeprägte Arbeitsteilung). Andererseits setzt Technik Rahmenbedingungen für die Organisation, sie stellt in gewisser Hinsicht sogar ‚geronnene Organisation' dar, man denke als Beispiel nur an die Fließbandmontage. Vollständige Aufgabenstrukturen werden sich also nur durch systemisch betrachtete Technik- und Organisationsgestaltung herbeiführen lassen. Diese Gedanken finden sich im Ansatz schon in einem ‚Leitfaden zur qualifizierenden Arbeitsgestaltung', der im Kontext des Programms HdA publiziert wurde (Duell und Frei 1986).

Ein drittes Prinzip aus dieser Zeit, das ebenfalls wichtig ist für lernförderliche Arbeitsgestaltung, wurde von Eberhard Ulich 1977 als ‚differenziell-dynamische Arbeitsorganisation' beschrieben (Ulich 1978). Der differenzielle Aspekt besteht darin, dass in einem Arbeitssystem Aufgaben für Menschen mit unterschiedlichen Fähigkeiten und Leistungsvoraussetzungen vorhanden sein sollten. Dies ist von hoher aktueller Bedeutung im Hinblick auf altersgemischte Teams im Kontext des demografischen Wandels. Ein nur differenziell gestaltete Arbeitssystem könnte allerdings dazu führen, dass die Mitarbeiter in ihren Fähigkeiten ‚eingefroren' werden und keine Entwicklungsanreize erkennen können. Deshalb besteht der dynamische Aspekt darin, dass durch systematischen Aufgabenwechsel und Aufgabenbereicherung eben diese Entwicklungsimpulse gegeben werden.

Wichtige Gestaltungsfelder im HdA-Kontext waren die industrielle Fertigung und Montage. Ein prominentes Thema im Fertigungsbereich bezog sich auf die menschengerechte und lernförderliche Gestaltung der Arbeit mit CNC-Werkzeugmaschinen, einer damals recht neuen Technologie. Gestaltungsansätze bezogen sich sowohl auf die Arbeitsorganisation – Werkstattprogrammierung von Werkzeugmaschinen – als auch auf die Gestaltung der CNC-Steuerungen und -Programmiersysteme selbst im Hinblick auf eine intuitive und werkstattgerechte Mensch–Maschine-Schnittstelle (Blum und Hartmann 1988; Hartmann et al. 1994; Henning et al. 1994).

Im Folgenden soll anhand eines Beispiels aus der Montage im Maschinenbau eine praktische Anwendung der oben beschriebenen Prinzipien illustriert werden. Dieses Projekt war nicht im Programm HdA gefördert worden, sondern wurde vom Anwenderunternehmen selbst finanziert. Es wurden allerdings, wie gesagt, etliche HdA-Prinzipien in der Projektplanung und -durchführung berücksichtigt.

Abbildung 1 zeigt als Prinzipskizze die Auslegung eines Montagesystems für Traktoren. Dieses Montagesystem sollte speziell für Gruppenarbeit tauglich sein (Hartmann 1995).

Die kleinen, unbeschrifteten Rechtecke stellen Schubpaletten dar. Diese Paletten sind 24 Quadratmeter groß. Sie sind bündig mit dem Hallenboden und werden mit einem Reibradantrieb langsam durch die Montagehalle bewegt. Auf jeder Palette befindet sich eine hydraulische Vorrichtung, auf der der Traktor während der Montage gelagert ist. Dadurch können die Werker die Arbeitshöhe flexibel einstellen.

Die Arbeitsbereiche der Gruppen sind durch die Quadrate oberhalb und unterhalb der Paletten gekennzeichnet; zu den Arbeitsbereichen gehören immer auch die Paletten, die gerade im Bereich der Gruppe sind (in der Skizze die direkt angrenzenden gelben Rechtecke).

Aus der Skizze ist erkennbar, dass zu den jeweiligen taktgebundenen Montagebereichen auf den Paletten immer auch nicht oder nicht unmittelbar taktgebundene Bereiche gehören. Dies sind insbesondere Vormontagebereiche (subassembly). So gehört etwa zu den Aufgaben der Vorderachsgruppe nicht nur die – taktgebundene – Montage der Vorderachse an den Traktor auf der Schubpalette, sondern auch die Vormontage der Achse im angrenzenden, nicht taktgebundenen Bereich.

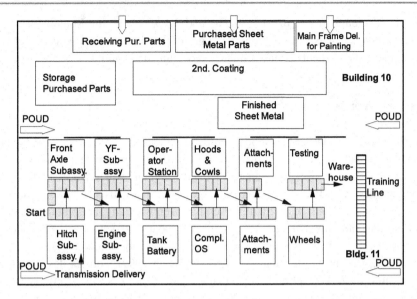

Abb. 1 Montagesystem für landwirtschaftliche Traktoren (Hartmann 1995). POUD: Point of use delivery; *YF*: *yellow* frame, Auflage der Motorhaube; *OS*: Operator Station, Kabine (Farbabbildung online)

Dadurch entstehen unterschiedliche Aufgabenstrukturen mit unterschiedlichen Anforderungen, im Sinne der differenziellen Arbeitsgestaltung. Der dynamische Aspekt wurde dadurch realisiert, dass auf Polyvalenz der Mitarbeiter – möglichst jeder soll mehrere Arbeitsplätze beherrschen – großer Wert gelegt wurde; dies wurde auch in Kennzahlen für die einzelnen Montagebereiche abgebildet.

Im Sinne der hierarchischen und sequenziellen Vollständigkeit wurden Aufgaben der Arbeitsplanung und -koordination – innerhalb der Gruppe und darüber hinaus mit den angrenzenden Gruppen – in das Aufgabenspektrum der Montagegruppen integriert. Dies bezieht sich auch auf die kontinuierliche Verbesserung des Montagesystems.

Die soziotechnische Gestaltung zeigt sich schließlich darin, dass das ganze technische Layout – vom Montagesystem selbst bis zu den vor Ort vorhandenen Gruppenräumen – auf eine bestimmte Organisationsphilosophie – Gruppenarbeit – ausgerichtet wurde. Diese Organisationsphilosophie berücksichtigt wiederum – im Sinne vollständiger Aufgabenstrukturen – menschliche Bedürfnisse.

Dieses Montagesystem ist bis heute nach derselben Philosophie sehr erfolgreich in Betrieb und gilt immer noch als eine der modernsten Traktorenmontagen der Welt.

Solche umfassenden und nachhaltigen Lösungen waren allerdings unter den Ergebnissen der HdA-Projekte nicht sehr häufig zu finden. Ein Grund dafür mag in der stark gesellschaftspolitischen Ausrichtung des Programms gelegen haben, wodurch Bezüge zu Unternehmensstrategien oftmals unklar oder fragil blieben.

Davon unbenommen hat die Forschung und Entwicklung im Kontext des HdA-Programms und seiner Nachfolgeprogramme grundlegende Erkenntnisse und Methoden hervorgebracht, die bis heute nichts von ihrer Bedeutung und Gültigkeit verloren haben.

Lernen im Prozess der Arbeit

Unmittelbar nach der Jahrtausendwende wurde das Thema lernförderlicher Arbeitsorganisation in einem anderen Kontext aufgegriffen, im BMBF-Programm ‚Lernkultur Kompetenzentwicklung' (Erpenbeck und Sauer 2001; Hartmann und von Rosenstiel 2004).

Während das HdA-Programm von einer gesellschaftspolitischen Stoßrichtung gekennzeichnet war, bezog sich ‚Lernkultur Kompetenzentwicklung' auf bildungspolitische Ziele. Ursprung und Motivation des Programms lagen darin, dass nach Möglichkeiten des lebenslangen Lernens jenseits klassischer, formaler, an Bildungseinrichtungen gebundener Weiterbildung gesucht wurde (Staudt und Kriegesmann 1999). Formen des informellen Lernens wurde verstärkte Aufmerksamkeit zugewendet. Damit war die Hoffnung verbunden, dass informelles Lernen – ergänzend zum Lernen in (Weiter-) Bildungseinrichtungen – neue Potenziale entfalten könnte.

Zu diesen Potenzialen gehört zum ersten, dass bestimmte Fähigkeiten–Kompetenzen- besonders gut in informellen Lernsituationen erworben werden. Kompetenzen im von John Erpenbeck vorgeschlagenen Sinn sind Selbstorganisationsdispositionen. Während sich Qualifikationen auf *bestimmte* Anforderungssituationen beziehen – Arbeitsplätze oder Tätigkeitsfelder – sind Kompetenzen diejenigen Fähigkeiten, die es uns ermöglichen, in *unbestimmten*, neuen, unstrukturierten Situationen handlungsfähig zu sein (Erpenbeck und Sauer 2001). Solche Kompetenzen entwickeln sich vermutlich insbesondere in realen Handlungssituationen.

Zweitens reduziert informelles Lernen das Transferproblem: Lern- und Anwendungskontext sind identisch. Drittens erweitert informelles Lernen den Zugang zur Weiterbildung, sofern informell erworbene Kompetenzen erfasst, validiert und formal anerkannt werden können (Colardyn und Bjørnåvold 2004). Viertens und schließlich ist informelles Lernen effizient: Die Lernzeit addiert sich nicht zur Arbeitszeit, vielmehr sind – lernförderliche Handlungskontexte vorausgesetzt – Arbeitszeiten zugleich Lernzeiten.

Abbildung 2 zeigt sie Grundstruktur des Forschungs- und Entwicklungsprogramms ‚Lernkultur Kompetenzentwicklung'. Das Lernen im Prozess der Arbeit steht hier neben anderen informellen Lernformen – im sozialen Umfeld und mit digitalen Medien – sowie formalem bzw. non-formalem[1] Lernen in Weiterbildungseinrichtungen.

---

[1] Der Unterschied zwischen formalem und non-formalem Lernen besteht darin, dass nur ersteres mit breit anerkannten Zertifikaten belegt und ausgewiesen wird (z. B. Hochschulabschluss). Gemeinsam ist beiden Lernformen, dass sie in expliziten Lernumgebungen – Bildungseinrichtungen – situiert sind, dadurch unterscheiden sich beide vom informellen Lernen. Im Fall des non-formalen Lernens sind dies beispielsweise Weiterbildungseinrichtungen.

Abb. 2 Struktur des
Forschungs- und
Entwicklungsprogramms
‚Lernkultur
Kompetenzentwicklung'

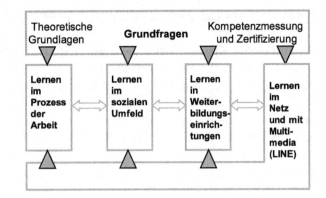

Das Programm ‚Lernkultur Kompetenzentwicklung' stimulierte im Bereich der Förderlinie ‚Lernen im Prozess der Arbeit (LiPA)' vielfältige Forschungsarbeiten. Besonders hervorzuheben sind diejenigen, die die Entwicklung von empirisch bestimmbaren Maßen und Kennzahlen der Lernförderlichkeit von Arbeitssituationen gewidmet waren (Bergmann et al. 2004; Frieling et al. 2006). Die Ergebnisse dieser Forschungen reichen an dieser Stelle weit über die Erkenntnisse aus HdA hinaus. Sie stellen zugleich Grundlagen zu Verfügung, die für eine ‚ingenieursmäßige' Gestaltung industrieller Arbeitssysteme genutzt werden kann. Darauf wird zurückzukommen sein.

Schwächen der Programmlinie LiPA bestanden dahingehend, dass Forschung einerseits und Entwicklung sowie Anwendung andererseits auseinanderfielen. Während die Forschung sehr präzise den Beitrag der Arbeitsgestaltung zum Lernen in der Arbeit adressierte, wurde in den Entwicklungsprojekten die tatsächliche Gestaltung von Arbeitssystemen kaum betrieben. Damit korrespondierend beteiligten sich aus den Unternehmen vor allem Personal- und Weiterbildungsabteilungen. Für eine substanzielle Arbeitsgestaltung wäre allerdings die Einbindung von Akteuren wie technische Planung, Industrial Engineering oder auch IT-Engineering notwendig gewesen (Wessels 2009).

Als zentrales Verdienst von LiPA für die lernförderliche Arbeitsgestaltung bleibt die Entwicklung fundierter und perspektivisch auch praktisch anwendbarer Kennzahlen der Lernförderlichkeit von Arbeitssituationen und -systemen.

Innovative Arbeitsplätze – Arbeit und Innovationsfähigkeit

In der jüngsten Zeit entwickelt sich eine neue Perspektive auf die lernförderliche Arbeitsgestaltung, die weder gesellschafts- noch bildungspolitisch, sondern innovationspolitisch ausgerichtet ist (Lorenz und Valeyre 2005; OECD 2010; Hartmann und Garibaldo 2011; CEDEFOP 2012; Hartmann et al. 2014).

Diese Beiträge weisen darauf hin, dass für die Analyse der Innovationsfähigkeit von Unternehmen die Betrachtung von FuE-Aufwendungen und Anteilen Hochqualifizierter in der Belegschaft zu kurz greift. Für eine substanzielle Innovationsfähigkeit ist es vielmehr erforderlich, dass quer durch die Belegschaften und die betrieblichen Funktionsbereiche hoch entwickelte Kompetenzen vorhanden sind. Dies ist die zentrale Voraussetzung für eine beidseitige Kommunikation zwischen Produktion, Konstruktion, Entwicklung und Forschung. Auch Prozessinnovationen durch kontinuierliche Verbesserungen erfordern Kompetenzen in allen betroffenen Bereichen. Diese Kompetenzen werden – ganz im Sinne von LiPA – nicht nur, vielleicht auch nicht vorrangig durch formale (Weiter-)Bildung aufgebaut. Besonders bedeutsam ist vielmehr das Lernen in der Arbeit, ermöglicht durch lernförderliche Arbeitsorganisation (OECD 2010).

Daher verwundert es nicht, dass sich zwischen Kennwerten der lernförderlichen Arbeitsorganisation[2] und der Innovationsleistung – gemessen z. B. in Innovatorenquoten – bedeutsame Zusammenhänge auf Länderebene zeigen lassen (Lorenz und Valeyre 2005; OECD 2010; CEDEFOP 2012). Diese Zusammenhänge sind eher stärker als sie zwischen dem Anteil Hochqualifizierter (Akademiker) an den Belegschaften, einem in der Innovationsindikatorik sehr gängigen Prädiktor der Innovationsleistung (CEDEFOP 2012).

Abbildung 3 zeigt Daten des iit-Innovationsfähigkeitsindikators[3] zur lernförderlichen Arbeitsorganisation für Deutschland im Vergleich zu den Durchschnittswerten europäischer Länder (EU27 und Norwegen; Hartmann et al. 2014). Es werden zwei Dimensionen der lernförderlichen Arbeitsorganisation unterschieden Handlungsspielraum und Aufgabenkomplexität. Diese Dimensionen finden sich in sehr ähnlicher Form auch in den oben dargestellten Indikatorensystemen zur Lernförderlichkeit von Arbeitssituationen (Bergmann et al. 2004; Frieling et al. 2006). Die Aufgabenkomplexität kann dabei durchaus als ein Hinweis auf die (hierarchische) Vollständigkeit von Aufgaben gewertet werden (Hacker 1973).

Wie aus Abb. 3 ersichtlich, liegen die Werte für Deutschland hinsichtlich des Handlungsspielraum niedriger, hinsichtlich der Aufgabenkomplexität höher als der europäische Durchschnitt. Dazu ist anzumerken, dass die Aufgabenkomplexität offensichtlich ein etwas bedeutsamerer Indikator der Innovationsfähigkeit als der Handlungsspielraum ist (CEDEFOP 2012).

Im iit-Indikator[4] wird die lernförderliche Arbeitsorganisation eingebettet in ein theoretisch fundiertes und empirisch belegbares Konzept der Innovationsfähigkeit. Dieses Konzept unterscheidet vier Säulen der Innovationsfähigkeit. Dazu gehören erstens das für die Unternehmen verfügbare spezialisierte Fachwissen (Humankapital), zweitens die Vielfalt spezialisierter Wissensbestände und die Fähigkeit, diese in der Erzeugung komplexer Produkte zu verknüpfen (Komplexitätskapital), drittens betriebliche Strukturen, die die Erzeugung von Wissen aus FuE, aber auch in den unmittelbaren Arbeitsprozessen ermöglichen (Strukturkapital), und schließlich die Vernetzung mit externen Wissensträgern wie Forschungs- und Bildungseinrichtungen (Beziehungskapital).

---

[2]Die Autoren greifen hier auf Daten der Europäischen Befragung zu Arbeitsbedingungen zurück; European Work Condition Survey (EWCS), http://eurofound.europa.eu/working/surveys/.

[3]Auch diese Daten basieren auf dem EWCS.

[4]http://www.iit-berlin.de/de/indikator.

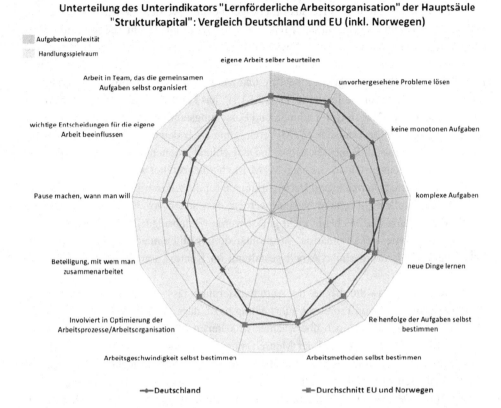

Abb. 3 Lernförderliche Arbeitsorganisation als Element des Strukturkapitals, iit-Innovationsfähig-keitsindikator

Die lernförderliche Arbeitsorganisation wird hier also – als wesentliches Element des Strukturkapitals – in ein breites Konzept der Innovationsfähigkeit von Unternehmen und letztlich Volkswirtschaften integriert (Hartmann et al. 2014).

Fazit und Ausblick

Aus den drei Entwicklungsphasen der Forschung zur lernförderlichen Arbeitsorganisation liegen bedeutsame Erträge vor. HdA erbrachte die theoretischen und methodischen Grundlagen, die die Analyse und Gestaltung von lernförderlichen Arbeitssystemen bis heute prägen. LiPA ergänzte Methoden zur Bestimmung konkreter Kennzahlen für die Lernförderlichkeit von Arbeitssituationen. Jüngere Arbeiten zu ‚innovativen Arbeitsplätzen' machen schließlich deutlich, dass die Frage lernförderlicher Arbeitssysteme keine Marginalie darstellt, sondern vielmehr einen zentralen Faktor der Innovationsfähigkeit und damit der technologischen und wirtschaftlichen Wettbewerbsfähigkeit.

Für die Zukunft sollen zwei Herausforderungen benannt werden. Erstens wird es darum gehen, die Erkenntnisse – etwa aus LiPA – zur Analyse und Beschreibung lernförderlicher Arbeit zu nutzen für die tatsächliche Gestaltung von Arbeitssystemen in der Breite der Industrie. Dieser Aufgabe widmet sich das vom Bundesministerium für Bildung und Forschung geförderte Projekt ‚Engineering und Mainstreaming lernförderlicher industrieller Arbeitssysteme für die Industrie 4.0 (ELIAS)‘, das kürzlich (Ende 2013) seine Arbeit aufgenommen hat.[5] Neben Unternehmen und Forschungseinrichtungen (insbesondere der RWTH Aachen) ist die Deutsche MTM-Vereinigung als bedeutende Organisation des Industrial Engineering am Projekt beteiligt. In Deutschland arbeiten ungefähr drei Millionen Menschen in Arbeitssystemen, die nach MTM-Methodik gestaltet wurden. Dies spricht für erhebliche Transferpotenziale und Hebelwirkungen für die zukünftigen Projektergebnisse.

Schließlich solle ein Problem benannt werden, dass schon vor 30 Jahren von Lisanne Bainbridge erkannt und bis heute nicht gelöst wurde (Bainbridge 1983). Die von ihr beschriebenen ‚Ironies of Automation‘ – Automatisierungsdilemmata – stellen eine erhebliche Hürde für lernförderliche Arbeitsgestaltung im Kontext automatisierter Arbeitssysteme dar.

Das Kerndilemma – die ‚Ironie‘ der Automatisierung – lässt sich wie folgt beschreiben. Die Automatisierung von Prozessen führt häufig dazu, dass Menschen diese automatisch ablaufenden Prozesse nur noch überwachen. In seltenen Fällen ist das automatische System allerdings überfordert, und der Mensch muss eingreifen. Das Problem besteht nun darin, dass der menschliche Operateur aus mehreren Gründen schlecht in der Lage ist, diese Situationen zu bewältigen. Dies liegt zunächst am besonderen Anforderungsgehalt der Situation: Der Automat wird tendenziell dann die Situation nicht mehr beherrschen, wenn die Situation besonders anspruchsvoll ist. Zweitens ist der Mensch, weil er die Situation nicht selbst herbeigeführt hat, kaum ‚aktuell im Bilde‘ und wenig in der Lage, die Situation schnell zu analysieren und Handlungsoptionen abzuleiten. Drittens wird auch die grundsätzliche Fähigkeit des Menschen, das automatisierte System und die Umgebung insgesamt zu verstehen, mit der Zeit abnehmen, je weniger er aktiv in die Systemsteuerung eingreifen muss. Es entsteht eine ‚ironische‘ Problemlage: Der menschliche ‚Überwacher‘ ist gerade wegen der Automatisierung zunehmend weniger in der Lage, seiner Überwachungstätigkeit gegenüber dem automatisierten System nachzugehen.

Cyberphysikalische Systeme könnten hier Abhilfe schaffen durch neue Möglichkeiten der Erfassung, Aufbereitung und Visualisierung von Prozessdaten, die es dem Nutzer ermöglichen, ‚im Bilde zu bleiben‘. Andere Autoren dieses Bandes – insbesondere Andreas Lüdtke und Bernd Kärcher – stellen diese Möglichkeiten im Detail dar.

---

[5] http://projekte.fir.de/elias/.

Literaturverzeichnis

Bainbridge, L. (1983). Ironies of automation. *Automatica, 19*(6), 775–779.

Bergmann, B., Richter, F., Pohlandt, A., Pietrzyk, U., Eisfeldt, D., Hermet, V., & Oschmann, D. (2004). *Arbeiten und Lernen*. Münster: Waxmann.

Bieneck, H.-J. (2009). Humanisierung des Arbeitslebens – ein sozial- und forschungspolitisches Lehrstück. *Zeitschrift für Arbeitswissenschaft, 63*(2), 112–115.

Blum, U., & Hartmann, E. A. (1988). Facharbeiterorientierte CNC-Steuerungs- und -Vernetzungskonzepte. *Werkstatt und Betrieb, 121*, 441–445.

CEDEFOP (2012). *Learning and innovation in enterprises*. Research Paper No. 27. Luxembourg: Publications Office of the European Union.

Colardyn, D., & Bjørnåvold, J. (2004). Validation of formal, non-formal and informal learning: policy and practices in EU member states. *European Journal of Education, 39*(1).

Duell, W., & Frei, F. (1986). *Leitfaden für qualifizierende Arbeitsgestaltung*. Köln: Verlag TÜV Rheinland.

Emery, F. E., & Thorsrud, E. (1976). *Democracy at work. The report of the Norwegian Industrial Democracy Programme*. Leiden: Nijhoff.

Emery, F. E., & Trist, E. L. (1960). Socio-technical systems. In C. W. Churchman & M. Verhulst (Hrsg.), *Management. Sciences, models, and technics* (S. 83–97). New York: Pergamon Press.

Erpenbeck, J., & Sauer, J. (2001). Das Forschungs- und Entwicklungsprogramm „Lernkultur Kompetenzentwicklung". *QUEM-report – Schriften zur beruflichen Weiterbildung, 67*, 9–66.

Frieling, E., Bernard, H., Bigalk, D., & Müller, R. (2006). *Lernen durch Arbeit – Entwicklung eines Verfahrens zur Bestimmung der Lernmöglichkeiten am Arbeitsplatz*. Münster: Waxmann.

Hacker, W. (1973). *Allgemeine Arbeits- und Ingenieurpsychologie. Psychische Struktur und Regulation von Arbeitstätigkeiten*. Berlin: VEB Deutscher Verlag der Wissenschaften.

Hartmann, E. A. (1995). Specifying requirements for human-oriented technology in tractor manufacturing. In *Proceedings of the international symposium on human oriented manufacturing systems*. Tokyo: Waseda University.

Hartmann, E. A., & Garibaldo, F. (2011). What's going on out there? Designing work systems for learning in real life. In S. Jeschke, I. Isenhardt, F. Hees, & S. Trantow (Hrsg.), *Enabling innovation: innovative capability – German and international views*. Berlin: Springer.

Hartmann, E. A., & von Rosenstiel, L. (2004). Infrastrukturelle Rahmenbedingungen der Kompetenzentwicklung. In Arbeitsgemeinschaft Betriebliche Weiterbildungsforschung (Hrsg.), *Kompetenzentwicklung 2004*. Münster: Waxmann.

Hartmann, E. A., Fuchs-Frohnhofen, P., & Brandt, D. (1994). Designing CNC-machine tools to fit the skilled workers at the individual workplace and in group work. In *Proceedings of the international federation of automatic control (IFAC) conference: integrated systems engineering*, Baden-Baden, 27.–29.09.1994.

Hartmann, E. A., von Engelhardt, S., Hering, M., Wangler, L., & Birner, N. (2014). Der iit-Innovationsfähigkeitsindikator – Ein neuer Blick auf die Voraussetzungen von Innovationen, *iit Perspektive Nr. 16*, online: http://www.iit-berlin.de/de/publikationen/der-iit-innovationsfaehigkeitsindikator.

Henning, K., Volkholz, V., Risch, W., & Hacker, W. (Hrsg.) (1994). *Moderne LernZeiten*. Berlin: Springer.

Locke, R. M. & Wellhausen, R. L. (Eds.) (2014). *Production in the innovation economy*. Cambridge: MIT Press.

Lorenz, E., & Valeyre, A. (2005). Organisational innovation, HRM and labour market structure: a comparison of the EU15. *Journal of Industrial Relations, 47*, 424–442.

OECD (2010). *Innovative workplaces: making better use of skills within organisations*, OECD Publishing. http://dx.doi.org/10.1787/9789264095687-en.

Staudt, E., & Kriegesmann, B. (1999). Weiterbildung: Ein Mythos zerbricht. In E. Staudt (Hrsg.), *Berichte aus der angewandten Innovationsforschung* (Bd. 178). Bochum

Promotorengruppe Kommunikation der Forschungsunion Wirtschaft – Wissenschaft (Hrsg.) (2013). *Deutschlands Zukunft als Produktionsstandort sichern – Umsetzungsempfehlungen für das Zukunftsprojekt Industrie 4.0. Abschlussbericht des Arbeitskreises Industrie 4.0.* Online: http://www.bmbf.de/pubRD/Umsetzungsempfehlungen_Industrie4_0.pdf.

Trist, E. L., & Bamforth, K. W. (1951). Some social and psychological consequences of the Longwall method of coal-getting. *Human Relations, 4,* 3–38.

Ulich, E. (1978). Über das Prinzip der differentiellen Arbeitsgestaltung. *Industrielle Organisation. 47,* 566–568.

Volpert, W. (1974). *Handlungsstrukturanalyse als Beitrag zur Qualifikationsforschung.* Köln: Pahl-Rugenstein.

Wessels, J. (2009). *Nationale und internationale Wissensbestände zum Lernen im Prozess der Arbeit (LiPA), Expertise im Rahmen des Internationalen Monitorings zum Forschungs- und Entwicklungsprogramm „Arbeiten–Lernen–Kompetenzen entwickeln – Innovationsfähigkeit in einer modernen Arbeitswelt",* online: http://www.internationalmonitoring.com/fileadmin/Downloads/Experten/Expertisen/Expertisen_neu/Expertise_Wessels.pdf.

Positionen der Sozialpartner

Arbeit in der Industrie 4.0 – Erwartungen des Instituts für angewandte Arbeitswissenschaft e.V.

Klaus-Detlev Becker

Wer wir sind

Das Institut für angewandte Arbeitswissenschaft e.V. (ifaa) ist eine Wissenschaft und Praxis verbindende Institution in den Forschungsdisziplinen Arbeitswissenschaft und Betriebsorganisation. Im Mittelpunkt seiner Arbeit steht die Steigerung der Produktivität in den Unternehmen und damit die Sicherung der Wettbewerbsfähigkeit der deutschen Wirtschaft.

Das ifaa analysiert betriebliche Prozesse, ergründet Wirkzusammenhänge, zeigt Entwicklungen der Arbeits- und Betriebsorganisation auf und erarbeitet unternehmensrelevante praxiserprobte Produkte und Dienstleistungen.

Unter dem Thema „Industrie 4.0" sammelt das ifaa momentan Beispiele einer weitergehenden Automatisierung und Vernetzung von Betriebsmitteln und wertet die Auswirkungen auf die Beschäftigten aus. Gegenüber den Bestrebungen, die vor einiger Zeit unter dem Stichwort „CIM (computer integrated manufacturing)" diskutiert wurden, nutzt die „Vision" Industrie 4.0 die Möglichkeiten des Internets und der mobilen Datengeräte. Das ifaa analysiert und begleitet – in enger Zusammenarbeit mit den Arbeitgeberverbänden – den Stand der betrieblichen Umsetzung, fördert den Informationsaustausch zu heranreifenden Fragestellungen und beteiligt sich an der Unterstützung der Unternehmen. Dabei berücksichtigen wir, dass Industrie 4.0 eine längerfristige Entwicklung darstellt, für die es heute erste Ansätze bzgl. der Anwendung in der Praxis gibt, die in der gesamten Breite – wie von Experten eingeschätzt – aber voraussichtlich erst in den Jahren 2025/30 zum betrieblichen Alltag gehören wird.

K.-D. Becker (✉)
Institut für angewandte Arbeitswissenschaft e.V., Uerdinger Straße 56, 40474 Düsseldorf, Deutschland
e-mail: k.becker@ifaa-mail.de

© The Author(s) 2015
A. Botthof, E.A. Hartmann (Hrsg.), *Zukunft der Arbeit in Industrie 4.0*,
DOI 10.1007/978-3-662-45915-7_3

Industrie 4.0 als Chance für die Wettbewerbsfähigkeit von Arbeit

In Kooperation der drei Industrieverbände BITKOM, VDMA und ZVEI erarbeitete ein „Arbeitskreis Industrie 4.0" Umsetzungsempfehlungen für das „Zukunftsprojekt Industrie 4.0". Ziel der daran Beteiligten ist es, diese Entwicklung – ob es sich dabei um eine industrielle Revolution oder Evolution handelt ist zweitrangig – aktiv mitzugestalten und so den Wirtschafsstandort Deutschland zu stärken. Kernelement von Industrie 4.0 ist das Zukunftsbild der „Smart Factory", in der eine Vielzahl von cyber-physische Systeme zusammenwirken (Kagermann et al. 2013, S. 18). Vereinfacht dargestellt verbinden diese Systeme die vielfältigen Prozesse der Produktion, Logistik, des Engineering, des Managements und der Internetdienste. Sie erfassen mittels Sensoren eigenständig Informationen, tauschen diese über digitale Dienste aus, sind in der Lage auf Grundlage der verarbeiteten Informationen Aktionen auszulösen und sich gegenseitig selbstständig zu steuern. Im Zusammenwirken mit dem Kreativpotential der Beschäftigten lassen sich auf diesem Wege die vielfältigen industriellen Prozesse grundlegend verbessern. Industrie 4.0 leistet darüber hinaus – neben vielen anderen Wirkungsrichtungen – auch einen Beitrag zur Bewältigung der aktuellen Herausforderungen des demografischen Wandels. Insbesondere durch Assistenzsysteme ermöglichen cyber-physische Systeme die Arbeit demografiesensibel und belastungsmindernd zu gestalten. Was unter dem Aspekt des drohenden Fachkräftemangels von wesentlicher Bedeutung sein kann, ist die sich insbesondere durch die Assistenzsysteme entwickelnde Möglichkeit, die Produktivität älterer Arbeitnehmer in einem längeren Arbeitsleben zu erhalten. Monotone oder schwere Tätigkeiten kann die Technik übernehmen, während den Beschäftigten kreative, wertschöpfende Tätigkeiten übertragen werden können, was die Leistungsfähigkeit auf längere Frist erhält. Das heißt nicht, dass künftig nur noch kreative Tätigkeiten seitens der Beschäftigten in den Unternehmen ausgeführt werden. Verringern lässt sich jedoch der Anteil der von Mitarbeitern auszuführenden (körperlich und ggf. auch geistig) belastenden Tätigkeiten. Andererseits wird es auch weiterhin einfache Arbeiten geben. Es ist zu erwarten, dass diese Tätigkeiten durch Industrie 4.0 ebenfalls einen höheren Anteil an Wertschöpfung erbringen können. Das wird dazu beitragen, Arbeit auf unterschiedlichem Anforderungsniveau wettbewerbsfähig zu gestalten und so in Deutschland zu halten.

Erst eine wettbewerbsfähige Arbeit lässt eine flexible Arbeitsorganisation zu, die es den Mitarbeitern, ermöglicht, Beruf und Privatleben sowie Weiterbildung besser miteinander zu kombinieren und so eine Balance zwischen Arbeit und Familie zu erreichen.

Die Autoren der Umsetzungsempfehlungen verweisen darauf, dass auch andere Länder den Trend zur Nutzung des Internets der Dinge und Dienste in der industriellen Produktion erkannt haben (Ebenda).

Um die Wettbewerbsfähigkeit zu erhalten und weiter auszubauen, sind umfangreiche Anstrengungen erforderlich, die Visionen in praktische Lösungen umzusetzen. Die Frage der Wettbewerbsfähigkeit entscheidet sich jedoch nicht allein an den technischen und organisatorischen Möglichkeiten der Industrie 4.0 sondern an deren effizienten und produktivitätssteigernden sowie kostengünstigen Anwendung in den Unternehmen. Gerade das

Verhältnis von befürchtetem Aufwand und nicht eindeutig abzuschätzenden Ergebnissen lässt Unternehmen noch zögern. Gebraucht werden sehr schnell überzeugende Lösungen in vielen Industriezweigen, um noch bestehende Zweifel auszuräumen. Betrachtet man die Möglichkeiten der Smart Factory mit cyber-physischen Systemen ist – insbesondere in der Metall- und Elektroindustrie mit ihren verzweigten, strategisch ausgerichteten Kunden–Lieferanten–Beziehungen und den Erfahrungen bei der Gestaltung hocheffektiver Produktionssysteme – der weitere Weg vorgezeichnet, um wettbewerbsfähige Arbeit in Deutschland zu halten.

Arbeitsorganisation und -gestaltung in der Smart Factory

Der Mensch bleibt auch in der künftigen Smart Factory der entscheidende Produktionsfaktor. Damit bleibt auch der die jeweiligen historisch-konkreten technischen, organisatorischen und sozialen Bedingungen von Arbeitsprozessen berücksichtigende Auftrag an die Arbeitswissenschaft bestehen.

Auf diesen Sachverhalt weist Schütte – einer der Autoren der „Umsetzungsempfehlungen für das Zukunftsprojekt Industrie 4.0" – hin, indem er ausführt, dass das Innovationshandeln sich nicht allein auf die Bewältigung technischer Herausforderungen konzentrieren darf, sondern immer auch konsequent auf eine intelligente Organisation der Arbeit und die Fähigkeiten der Beschäftigten (Kagermann et al. 2013, S. 56). Mit Industrie 4.0 werden die Potenziale der Mitarbeiter eine zentrale Rolle bei der Gestaltung und Anwendung sowie der wirtschaftlichen Nutzung der cyber-physischen Systeme spielen. Die Art und Weise, wie die einzelnen Mitarbeiter im Rahmen „offener, virtuell gestalteter Arbeitsplattformen und umfassender Mensch–Maschine- und Mensch–System-Interaktionen" wirksam sind, wird Änderungen erfahren. Dennoch bleiben die Mitarbeiter in ihrer Gesamtheit die Träger der planenden, steuernden, dispositiven, ausführenden usw. Tätigkeiten. Mit Sicherheit wird es Auswirkungen auf die Arbeitsinhalte, die Arbeitsaufgaben, die Arbeitsprozesse und Umgebungsbedingungen geben. In welcher konkreten Ausprägung und mit welchen Erfordernissen in Bezug auf die Gestaltung der Arbeitsbeziehungen dies geschehen wird, wird sich erst in den vielfältigen praktischen Anwendungsfällen zeigen. Ebenso ist davon auszugehen, dass sich die Anforderungen an die fachliche, räumliche und zeitliche Flexibilität der Beschäftigten anders gestalten.

Die Assistenzsysteme, das veränderte Zusammenwirken von Mensch und Technik in neuen Formen der Kommunikation, Interaktion und Kooperation, die sich daraus ergebende Arbeitsstrukturierung sowie das erforderliche lebenslange Lernen zur Beherrschung der sich ebenfalls ständig verändernden cyber-physischen Systeme schaffen Voraussetzungen, die körperliche und geistige Leistungsfähigkeit der Beschäftigten zu erhalten und ständig weiter zu entwickeln. Leistungsfähigkeit hängt einerseits von verschiedenen menschlichen Eigenschaften – wie Konstitution und Gesundheit – und Fähigkeiten ab, die der Mensch durch das eigene Verhalten, d. h. den Umgang mit sich selbst, entscheidend beeinflussen kann. Dazu gehört nicht nur die persönliche Lebensführung, sondern zum

Beispiel auch das lebenslange Lernen. Heute ist allgemein anerkannt, dass die individuelle Produktivität der Menschen nicht vom kalendarischen, sondern vom biologischen Alter abhängt. Menschen altern unterschiedlich, die Leistungsstreuung unter Gleichaltrigen nimmt mit dem Alter zu, und die physische und psychische Leistungsfähigkeit wandelt sich im Laufe des Lebens. Es gibt Fähigkeiten, die mit zunehmendem Alter tendenziell abnehmen, z. B. Muskelkraft, Sehvermögen; Fähigkeiten, die eher gleich bleiben, z. B. Sprachkompetenz (Ausdrucksfähigkeit); und Fähigkeiten, die sich tendenziell verbessern, z. B. Sozialkompetenz, Beurteilungsvermögen. Unternehmen und Beschäftigte beeinflussen die Richtung und Geschwindigkeit dieser Veränderungen stark. Andererseits bietet die Gestaltung der Arbeit vielfältige Einflussmöglichkeiten, um die körperliche und geistige Leistungsfähigkeit zu erhalten und zu steigern. In Bezug auf Industrie 4.0 ist das z. B. über die Aufteilung von Arbeitstätigkeiten durch Interaktion und Kooperation zwischen Mensch und Technik, den Einsatz von Assistenzsystemen, möglich. Sie lassen gestaltbare Arbeitsbedingungen, Arbeitsinhalte, Arbeitszeitsysteme, usw. zu, die gewährleisten, die Leistungsfähigkeit der Beschäftigten langfristig zu erhalten und zu entwickeln. Möglich wird dies z. B. durch Befreiung von monotonen oder schweren Tätigkeiten, Belastungswechsel oder lebenslanges Lernen. Welche Möglichkeiten in den künftigen cyberphysischen Systemen der einzelnen Unternehmen genutzt werden (können), hängt stark von betrieblichen Bedingungen ab. Die Auswirkungen der technischen Assistenzsysteme sowie die Art und Weise des Zusammenwirkens von Mensch und Technik sind per se nicht allein von der Technik determiniert. Die konkrete betriebliche Gestaltung des Einsatzes und des Zusammenwirkens sind Ergebnisse der betrieblich konzipierten und umgesetzten Prinzipien der Arbeitsorganisation und Arbeitsgestaltung. Allgemein anerkannte arbeitswissenschaftliche Grundsätze und Erkenntnisse sowie Regelungen des Arbeitsschutzes sind hierbei eine selbstverständliche Grundlage. Darüber hinaus beeinflussen betriebliche, demografische, marktbezogene, wirtschaftliche und technologie- und konstruktiv-produktbezogene Erfordernisse die Gestaltungsprozesse.

Mit der Gestaltung cyber-physischer Systeme eng verbunden ist das Ziel, die Flexibilität in Bezug auf Kundenerwartungen und -wünsche zu erhöhen. Das setzt neben flexibler Technik voraus, dass sowohl die Betriebs- als auch die Arbeitszeit flexibel bezüglich der Kapazitätsbedarfe ist. Dazu bedarf es einer längerfristigen Begleitforschung, die insbesondere die durch Fernsteuerung, Fernbedienung und Fernwartung gegebenen Möglichkeiten in die Untersuchung mit einbezieht.

Arbeitsinhalte und Anforderungen an Aus- und Weiterbildung

Die Arbeitsinhalte und Arbeitsaufgaben der Mitarbeiter werden sich in Industrie 4.0 verändern. Damit entstehen veränderte, teilweise völlig neue Anforderungen an Können, Fähigkeiten, Fertigkeiten und Kompetenzen der Beschäftigten. Aus heutiger Sicht wird das insbesondere Komplexitäts-, Abstraktions- und Problemlösungsanforderungen sowie Anforderungen nach selbstgesteuertem Handeln, kommunikativen Kompetenzen und Fähigkeiten zur Selbstorganisation betreffen (vgl. Ebenda S. 57). Diese veränderten Anforderungen bedürfen der qualifikationsseitigen Vorbereitung seitens der Beschäftigten. Neben traditionellen werden verstärkt arbeitsplatznahe, auch selbstorganisierte Qualifizierungsformen erforderlich sein. Das Lernen im Prozess der Arbeit einschließlich der Entwicklung geeigneter Instrumente und Module wird die Qualifizierungsstrategien in den Unternehmen nachhaltig prägen. Mehr als heute wird sich die Notwendigkeit des lebenslangen Lernens verstärken.

Das Zusammenwirken von Mensch und Technik sowie die Anwendung von Assistenzsystemen in cyber-physischen Systemen müssen nicht in allen Fällen die beschriebenen veränderten Anforderungen bewirken. Die Autoren der Umsetzungsempfehlungen beschreiben auch die folgende mögliche Entwicklung: „Je mehr das technische Integrationsniveau ansteigt, desto stärker könnten eine zunehmende Flexibilisierung, Intensivierung sowie eine steigende Spannung zwischen Virtualität und eigener Erfahrungswelt Raum greifen. Der Verlust an Handlungskompetenz, die Erfahrung der Entfremdung von der eigenen Tätigkeit durch eine fortschreitende Dematerialisierung und Virtualisierung von Geschäfts- und Arbeitsvorgängen wären die Folgen." (Ebenda)

Es ist aus heutiger Sicht schwerlich mit Sicherheit vorherzusagen, welche der beiden Stränge oder auch beide zusammen die Entwicklung in den Unternehmen bestimmen werden. Auch hier gilt, die konkreten Erfordernisse bestimmen die Lösungsansätze. Einfache Fortschreibung heutiger Lösungen in die Zukunft greifen sicher zu kurz. Der Hinweis auf die zwei potenziell konträren Linien:

- höhere Komplexitäts-, Abstraktions- und Problemlösungsanforderungen
- eventueller Verlust an (notwendiger?) Handlungskompetenz

zeigt zugleich Chancen für die künftige Gestaltung der Arbeitsinhalte: Auf der einen Seite Arbeitsaufgaben mit hohen, vielgestaltigen Anforderungen (technisch, technologisch, betriebswirtschaftlich, IT-spezifisch usw.) und auf der anderen einfachere Aufgaben, die in einer modernen Arbeitswelt weiterhin Chancen für gering Qualifizierte bieten. Wie sich diese Linien quantitativ gestalten, wird die weitere Entwicklung zeigen. Hier ist den Autoren der Umsetzungsempfehlungen zuzustimmen, die ausführen: „Die Technik bietet Optionen in beide Richtungen. Die Systemauslegung kann sowohl als restriktive, kontrollierende Mikrosteuerung, als auch als offenes Informationsfundament konfiguriert werden, auf dessen Basis der Beschäftigte entscheidet. Anders gesagt: Über die Qualität der Arbeit entscheiden nicht die Technik oder technische Sachzwänge, sondern Wissenschaftler und Manager, welche die Smart Factory modellieren und umsetzen." (Ebenda). Einflüsse darauf haben viele heute schon bekannte Faktoren wie z. B. das demografisch determinierte Angebot an Fachkräften, internationale Kooperationsbeziehungen, Kostenstrukturen, Flexibilisierungserfordernisse und -möglichkeiten usw.

Industrie 4.0 wird die Ansprüche an lebenslanges Lernen nicht allein auf die Industrie und deren Systeme der Aus- und Weiterbildung erhöhen. Auch in der akademischen Ausbildung und Weiterqualifizierung wird dies seinen Niederschlag finden müssen. Es ist zu erwarten, dass die Zusammenarbeit von Entwicklern und Anwendern langfristig die heutigen Grenzen zwischen IuK-Technologien, Produktions- und Automatisierungstechnik und Software verwischt. Das wird einen Prozess erfordern, der sich mit der weiteren Entwicklung von Industrie 4.0 immer schärfer stellt.

„Die Vielfalt der möglichen Einsatzgebiete setzt einer standardisierten Ausbildung Grenzen. Immer wichtiger wird der Dialog mit der produzierenden Industrie, um die Anforderungen der digitalen Ökonomie in die Ausbildung aufzunehmen. Unternehmen werden damit zukünftig noch stärker als heute zu Bildungspartnern von Hochschulen. An ein komprimiertes Erststudium müssen sich Einsätze in der betrieblichen Praxis und Vertiefungsstudien anschließen. Dabei gilt es, die Grenzen zu den Natur- und Ingenieurswissenschaften zu öffnen und überfachliche Kompetenzen wie Management oder Projektsteuerung stärker zu adressieren." (Ebenda).

Die relevanten Lerninhalte für Industrie 4.0 – sowohl was die akademische Ausbildung als auch die berufsbezogene Aus- und Weiterbildung anbelangt – lassen sich heute nur allgemein beschreiben, wie es die Autoren der Umsetzungsempfehlungen tun. Es ist daher erforderlich, die Bildungsinhalte ständig mit den Erfordernissen abzugleichen und dabei auch den Bedarf an Überblickswissen und Verständnis für das Zusammenspiel aller Akteure im Produktionsprozess im Blick zu halten. Nicht vergessen werden sollte dabei, dass auch unter den Bedingungen der cyber-physischen Systeme einfache Arbeitsaufgaben bestehen, für die eine Einweisungen oder ein kurzzeitiges Anlernen ausreichend ist.

Cyber-physische Systeme versus Produktionssysteme

Die Gestaltung von cyber-physischen Systemen ist ohne gut funktionierende Produktionssysteme mit großer Wahrscheinlichkeit mit erheblichen Reibungs- und Effizienzverlusten verbunden. Produktionssysteme als ganzheitliche Managementsysteme „sind stets auf die Erreichung der Unternehmensziele fokussiert. Betrachtet werden alle Aktivitäten über die gesamte Wertschöpfungskette, einschließlich der Lieferanten und Kunden." (Krichel et al. 2013).

Die Herausforderung für die Betriebe besteht darin, die Elemente und Methoden im Rahmen der Produktionssysteme auf die betriebsspezifischen Anforderungen ständig neu abzustimmen und zu hinterfragen. Die Erfahrungen bei der Implementierung von Produktionssystemen gilt es bei der Entwicklung und dem Einsatz von cyber-physischen Systemen zu nutzen. Wichtig ist, erst die Abläufe zu analysieren, Verschwendungen aufzudecken und zu beseitigen, und danach Standards für die Arbeitssysteme und Prozesse zu definieren, bei Veränderungen der Bedingungen zu überprüfen und ggf. anzupassen.

Die Produktionssysteme sollen in cyber-physischen Systemen selbständig auf ungeplante Ereignisse reagieren (Kagermann et al. 2013, S. 108). „Im Zusammenwirken intelligenter Automatisierung mit der Erfahrung und der Kreativität von Menschen werden organisatorische Verluste in der Produktion sukzessive verringert. Zu diesem Zweck werden Produktionsarbeitern über ein mobiles Assistenzsystem kontextintensiv Informationen über die aktuellen Leistungsdaten der Produktion als Entscheidungsgrundlage für eine kontinuierliche Optimierung bereitgestellt." (Ebenda). Mit cyber-physischen Systemen entsteht demnach kein Konkurrenzsystem mit eigenen Regeln zu den heutigen Produktionssystemen, sondern ein mit zusätzlichen Entscheidungshilfen angereichertes und damit effektiveres. Damit wird deutlich, dass bereits mit den heutigen Aktivitäten zur Implementierung von Produktionssystemen wesentliche Voraussetzungen dafür geschaffen werden, die mit der Industrie 4.0 potenziell vorhandenen Möglichkeiten zur Sicherung und Steigerung der Wettbewerbsfähigkeit der Unternehmen zu erschließen.

Literaturverzeichnis

Kagermann, H., Wahlster, W., & Helbig, J. (Hrsg.) (2013). *Deutschlands Zukunft als Produktionsstandort sichern – Umsetzungsempfehlungen für das Zukunftsprojekt Industrie 4.0 – Abschlussbericht des Arbeitskreises Industrie 4.0.* April 2013 http://www.hightech-strategie.de/files/Umsetzungsempfehlungen_Industrie4_0.pdf.

Krichel, U., Reichel, F.-G., Neuhaus, R., & GESAMTMETALL, ifaa (Hrsg.) (2013). *Neuausrichtung der betrieblichen Organisation auf ein Produktionssystem. Gestaltungstechnische und arbeitsrechtliche Einführungshinweise für M+E-Betriebe.* Köln: IW Medien.

Gewerkschaftliche Positionen in Bezug auf „Industrie 4.0"

Ulrich Bochum

Voraussetzungen -HdA und CIM

Die gewerkschaftliche Debatte um Industrie 4.0 hat innerhalb der IG Metall die Diskussionen um eine gewerkschaftliche Arbeitspolitik und arbeitspolitische Themen wieder stärker auf die Tagesordnung gesetzt. Die IG Metall teilt die Ansicht, dass mit diesem Konzept eine neue Periode der Industrie-Entwicklung einsetzt und neue Möglichkeiten der Rationalisierung und der Abstimmung von Produktionsprozessen gegeben sind. Dies betrifft sowohl die digitalen Informationen, die im Rahmen einer „smarten Fabrik" zwischen Teilen der Betriebsmittel ausgetauscht werden können, als auch die Digitalisierung der Wertschöpfungskette, also die Beziehungen zwischen großen Herstellerfirmen und deren Zulieferern. Der IG Metall Vorsitzende spricht in diesem Zusammenhang von einem Betrieb neuen Typs und verlangt für kooperierende Betriebe innerhalb einer Branche Metall-Tarifverträge entlang der Wertschöpfungskette „für unsere Produkte in unseren Industrien".[1]

---

[1]Detlef Wetzel, Erster Vorsitzender der IG Metall: Grundsatzreferat, 6. Außerordentlicher Gewerkschaftstag der IG Metall vom 24. bis 25. November 2013 in Frankfurt: „Kurswechsel – Gemeinsam für ein Gutes Leben"; online: http://www.igmetall.de/internet/docs_2013_11_25_Wetzel_Grundsatzreferat_c33934f22745426674c3561c019cc21f79827268.pdf.

Dieser Beitrag basiert auf einem Arbeitspapier, das der Autor im Kontext des vom BMBF geförderten Projekts ‚ELIAS – Engineering und Mainstreaming lernförderlicher industrieller Arbeitssysteme für die Industrie 4.0' (online: http://www.fir.rwth-aachen.de/forschung/forschungsprojekte/elias-01xz13007) erstellt hat.

U. Bochum (✉)
G-IBS mbH, Berlin, Germany
e-mail: Bochum@g_ibs.de

© The Author(s) 2015
A. Botthof, E.A. Hartmann (Hrsg.), *Zukunft der Arbeit in Industrie 4.0*,
DOI 10.1007/978-3-662-45915-7_4

Da die IG Metall über eine lange Tradition von Automatisierungsdebatten verfügt,[2] ist bei der Auseinandersetzung mit dem Thema Industrie 4.0 immer auch ein Rückblick auf vergangene Phasen der Auseinandersetzung mit Automatisierungsprozessen in der Industrie verbunden.

Es bleibt daher nicht aus, dass insbesondere das Programm Humanisierung der Arbeitswelt (HdA) im Bezug zu Industrie 4.0 rückwirkend hinsichtlich seiner Ziele und seiner Ergebnisse kritisch beleuchtet wird. Obwohl dieses in den siebziger Jahren aufgelegte Programm als Reaktion auf die Umsetzung tayloristischer Rationalisierungsprozesse, die die Arbeitsprozesse in Produktion und Fertigung „radikal de-humanisierten", konzipiert war, hatte das Programm kaum durchschlagenden Erfolg, es wurde in den Betrieben als von „oben" administrierter Eingriff nicht akzeptiert.

Michael Schumann als damals beteiligter Industrie-Soziologe zieht folgendes Fazit: „Die HdA-Politikansätze setzten zu wenig an bei den Problemschwerpunkten und Lösungsüberlegungen, wie sie in der eigenen Interessenperspektive der Arbeiter notwendig erschienen. Auch inhaltlich durchaus überzeugende Gestaltungsansätze fanden nur begrenzte Unterstützung und mussten mit viel Skepsis und Widerstand fertig werden – obwohl im wohl verstandenen Interesse der Beschäftigten entwickelt."[3]

Jörg Hofmann, 2. Vorsitzender der IG Metall, zieht ebenfalls ein eher resignierendes Resümee, für ihn ging der Kampf um die Neugestaltung der Arbeit schon im Betrieb verloren. „Betriebsräte waren mit der Einpassung weitreichender Beteiligungskonzepte vielfach überfordert und schalteten auf Abwehr. Auch wenn es partiell gelang, Alternativen zur tayloristischen Arbeitsorganisation aufzuzeigen, blieben konkrete Arbeitsverbesserungen selbst in den Projekten begrenzt – ganz zu schweigen von der Masse der Arbeitnehmerinnen und Arbeitnehmer."[4]

Neue Dynamik erreichte die Diskussion um Arbeitspolitik und Arbeitsgestaltung wieder mit der forcierten Einführung mikroelektronisch gesteuerter Technologien im industriellen Fertigungsprozess. Hartmann (2009) spricht in diesem Zusammenhang von einer großen, ambitionierten Technologiewelle, die mit Computer Integrated Manufacturing (CIM) in den 80er und 90er Jahren auf die Betriebe zu rollte.[5]

---

[2]Z. B. die großen Automatisierungs-Tagungen der IG Metall in den sechziger Jahren, organisiert durch den damaligen Leiter der Abteilung Automation Günter Friederichs.

[3]Schumann, M. (2014): Praxisorientierte Industriesoziologie. Eine kritische Bilanz in eigener Sache, in: Wetzel, D., Hofmann, J., Urban, H.-J. (Hrsg.) (2014): Industriearbeit und Arbeitspolitik. Kooperationsfelder von Wissenschaft und Gewerkschaft, Hamburg, S. 23.

[4]Hofmann, J. (2014a): Wissensproduktion als Diskurs- und Praxisgemeinschaft von Arbeitsforschung und gewerkschaftlicher Arbeitspolitik, in: Wetzel, D. u.a. a.a.O., S. 63.

[5]Vgl. Hartmann, E.A. (2009): Internet der Dinge-Technologien im Anwendungsfeld „Produktions-Fertigungsplanung", in: Botthof, A., Bovenschulte, M. (Hrsg.) (2009): Das „Internet der Dinge". Die Informatisierung der Arbeitswelt und des Alltags, in: Arbeitspapier 176, Hans Böckler Stiftung, Düsseldorf, S. 31–49.

Der Versuch der Einführung einer zentral gesteuerten rechnerintegrierten Produktion mit der Vision einer weitgehend menschenleeren Fabrik ist gescheitert, es haben sich jedoch Elemente des CIM-Konzepts in der betrieblichen Realität etabliert, die heute nicht mehr wegzudenken sind: so etwa der digitale Datentransfer von der Konstruktion in die Fertigung oder die Verbindung von Produktionsplanungs- und Steuerungssystemen zu weitgreifenden Planungssystemen der Unternehmens-Ressourcen, wie sie etwa bei SAP-Systemen zum Ausdruck kommt.

In Bezug auf die Auswirkungen Computer gestützter Produktionssysteme auf die Arbeits- und Tätigkeitsstrukturen hält Hirsch-Kreinsen (2014) fest, dass die damaligen Formen der Automatisierung keineswegs zu einer Substitution von Produktionsarbeit geführt hätten, sondern dass einerseits eine große Anzahl von Arbeitsplätzen und Tätigkeiten auf dem Niveau einfacher Handarbeit verblieben seien oder als sogenannte Restarbeitsplätze eine Art Lückenbüßer-Funktion ausgeübt hätten. Die Folgen einer verbesserten Abbildung und Transparenz von Prozessen in der Produktion hätten zu einer Verengung von Handlungsspielräumen und zu Dequalifizierung geführt.

Andererseits sei es zu einer wachsenden Bedeutung von Produktionsintelligenz in den Produktionsprozessen gekommen, die eine Folge von Gewährleistungsarbeit im Sinne von planenden, steuernden und kontrollierenden Tätigkeiten sei.[6]

Positiv wird aus gewerkschaftlicher Sicht in diesem Zusammenhang auf die Bemühungen um die Einführung von Gruppenarbeit, insbesondere in der Automobilindustrie, in den 90er Jahren verwiesen. In diesem Kontext zeichneten sich post-tayloristische Produktionskonzepte ab, in denen es um eine andere Rationalisierungslogik ging. „Im Unterschied zum Taylorismus, der auf möglichst standardisierte Arbeitsabläufe und niedrige Qualifikationsanforderungen setzte, sollten durch Gruppenarbeit und Einbindung der Mitarbeiter und ihrer Kenntnisse und Erfahrungen Selbstoptimierungspotenziale erschlossen werden."[7] Durch die Ausweitung der Autonomiespielräume der (teilautonomen) Gruppe sollte die Arbeitszufriedenheit erhöht und damit der reibungslose Arbeitseinsatz besser gewährleistet werden.

Die IG Metall unterstützte derartige Ansätze und im Unterschied zum HdA-Programm wollten auch die betrieblichen Akteure Strukturen der Gruppenarbeit einführen. Allerdings kam es auch hier nur zu punktuellen Veränderungen, denn der „Ansatz der Gruppenarbeit war nicht in einen größeren Diskurs eingebettet – weder in der IG Metall noch in der Arbeitsforschung – und konnte vor allem deshalb keine transformative Kraft entwickeln. Lean Production als Alternative und dominanter Diskurs bestimmte den neuen Denk- und Handlungsrahmen..."[8]

---

[6]Siehe Hirsch-Kreinsen, H. (2014): Wandel von Produktionsarbeit – „Industrie 4.0", soziologisches Arbeitspapier Nr. 38/2014, TU Dortmund, S. 16f.

[7]Hartmann, E.A. (2009): a.a.O., S. 35, vgl. auch Auer, P., Riegler, C.H. (1988): Gruppenarbeit bei VOLVO, Berlin.

[8]Hofmann, J. (2014a): a.a.O., S. 65.

Allerdings muss festgehalten werden, dass die Diskussion um die Einführung von Gruppenarbeit gerade in der Auseinandersetzung mit Lean Production -Konzepten zeitweilig eine Hochphase erlebte, denn eine Untersuchung zur Verbreitung von Gruppenarbeit in der deutschen Automobilindustrie zeigt, dass alle Hersteller an derartigen Modellen interessiert waren und an der Umsetzung arbeiteten. Es scheiterte letztlich daran, „dass im Rahmen von Gruppenarbeit die Einsatzflexibilität der Arbeitskräfte deutlich gesteigert werden soll, um auf diesem Wege das Leistungspotenzial der eingesetzten Arbeitskräfte besser ausschöpfen zu können."[9] Dies steckte durchgängig hinter den Konzepten der Automobilhersteller und nicht eine bewusste Strategie zur Anreicherung der Produktionsarbeit, es ging vielmehr immer um eine Nutzung der Selbststeuerungspotenziale der Beschäftigten zur Produktivitätssteigerung und besseren Bewältigung des Produktionsablaufs.

Dennoch resultieren aus dieser Zeit wichtige Hinweise über die Entwicklungstendenzen der Arbeit im Zusammenhang mit informations- und kommunikationstechnikgestützen Produktionssystemen. Hirsch-Kreinsen sieht sie als *Vorläufersysteme* für die aktuell verfolgten autonomen Produktionskonzepte der Industrie 4.0 und damit bieten sich aus dieser Zeit gewonnene Erkenntnisse zu möglichen Entwicklungstrends von Arbeit als Anknüpfungspunkte für die weitere Entwicklung von Arbeit unter den neuen Bedingungen der Industrie 4.0 an. Aus dieser Periode stammt auch die Gegenüberstellung zweier Gestaltungsalternativen, wie mit der rechnergesteuerten Produktion umzugehen sei: zum einen wird von einem technologiezentrierten Automatisierungskonzept gesprochen, in dem menschliches Arbeitshandeln kompensatorischen Charakter habe – Arbeit als Residualfunktion. Zum anderen wird von einem komplementären Automatisierungskonzept gesprochen, das eine Aufgabenteilung zwischen Mensch und Maschine entwirft, die eine zufriedenstellende Funktionsfähigkeit des Gesamtsystems ermöglicht. „Dies setzt eine ganzheitliche bzw. kollaborative Perspektive auf die Mensch–Maschine-Interaktion voraus, die die spezifischen Stärken und Schwächen von menschlicher Arbeit und technischer Automation identifiziert."[10]

Gewerkschaftliche Wahrnehmung der Industrie 4.0

Industrie 4.0 wird von den Industriegewerkschaften, insbesondere der IG Metall, durchaus als neue Etappe wahrgenommen Sie nehmen dabei Bezug auf die Neukonzeption der Mensch–Maschine-Schnittstellen, die mit neuartigen Vernetzungsmöglichkeiten einhergeht. Diese Entwicklungen brächten neuen Handlungs- und Gestaltungsbedarf im Hinblick auf neue Formen der Arbeitsorganisation und Arbeitsplatzgestaltung mit sich, es drohe eine systematische Entwertung von Facharbeit. „Nehmen wir das Beispiel des Werkzeugbaus, finden wir hier noch viele Beschäftigte aus klassischen Ausbildungsgängen, die

---

[9]Ramge, U. (1993): Aktuelle Gruppenarbeitskonzepte in der deutschen Automobilindustrie, Manuskripte 123, Hans Böckler Stiftung, Düsseldorf, S. 61.

[10]Hirsch-Kreinsen (2014): a.a.O., S. 29. Vgl. auch Brödner, P. (1985): Alternative Entwicklungspfade in die Zukunft der Fabrik, Berlin mit seinem anthropozentrischen Konzept.

durchaus mechanische, vielleicht sogar mechatronische Kenntnisse haben. Aber mit Software, mit Informationstechnik kennt sich kaum jemand aus. Das ist keineswegs allein ein Problem der Produktion, sondern zeigt sich in zunehmender Schärfe auch bei technischen Angestellten und Ingenieuren, egal ob sie in Forschung und Entwicklung oder in Service, Vertrieb und Logistik tätig sind."[11] Hofmann sieht in dieser Entwicklung jedoch auch Chancen, da der ständige Druck, Ressourceneffizienz zu verbessern und Innovationsprozesse zu initiieren, gar keine andere Möglichkeit lasse, als größere Handlungsspielräume einzuräumen und mehr Beteiligung bzw. Partizipation der Beschäftigten zu ermöglichen. In einem Gespräch mit Stefan Gryglewski, Leiter des Zentralbereichs Personal beim Maschinenbauer Trumpf AG, betont Hofmann ebenfalls die Chancen, die Industrie 4.0 böte. „Die technischen Möglichkeiten, dezentrale Steuerungsprinzipien etwa, haben etwas potenziell Emanzipatorisches. Ob beim altersgerechten Arbeiten, in der qualifizierten Gruppenarbeit in neuen – für den Beschäftigten positiven – Spielarten in der Mensch–Maschine-Kommunikation."[12]

Smarte Fabrik – neue Qualifizierungsanforderungen

Auch für Constanze Kurz, Leiterin des Ressorts Zukunft der Arbeit beim Vorstand der IG Metall, ist Industrie 4.0 nicht mehr und nicht weniger als eine völlig neue Logik und Qualität der Produktion in einer smarten Fabrik.[13]

„Das intelligente Produkt (und/oder der intelligente Ladungsträger oder das automatisch geführte Transportmittel) übernimmt selbst eine aktive Rolle im Produktionssystem. Es kommuniziert mit Maschinen und Werkern und anderen Systemkomponenten wie der Fertigungsleittechnik, um als selbsttätiger materialisierter Produktionsauftrag seine Bearbeitung sowie seinen Durchlauf durch die Produktion mitzusteuern."[14]

Dabei können intelligente Produkte, Maschinen und Betriebsmittel eigenständig Informationen austauschen und sich gegenseitig in Echtzeit steuern. Zwar sei dies alles noch nicht unmittelbar Realität, aber vieles sei doch schon technologisch machbar. Auch sie sieht ein neues Zeitalter der Industrie heraufziehen und stellt sich die Frage nach der Bedeutung der Beschäftigten in diesem System. Sie ist der Meinung, dass die Beschäftigten nicht verschwinden, sondern eine andere Rolle spielen werden, und zwar gelte dies sowohl für die Beschäftigten in der Produktion als auch für die hochqualifizierten Beschäftigten in den Forschungs- und Entwicklungsabteilungen. „Konkret heißt das: Angelernte, Facharbeiter/innen, Ingenieure/innen, Techniker/innen und nicht zuletzt auch kaufmännische

---

[11] Hofmann, J. (2014a): a.a.O., S. 66.

[12] Hofmann im Gespräch mit Gryglewski in den VDI-Nachrichten 14/2014: Was passiert mit der Fabrikarbeit?

[13] Kurz, C. (2013): Industrie 4.0 verändert die Arbeitswelt, in: Gegenblende 24.11.2013.

[14] Steinberger, V. (2013): Arbeit in der Industrie 4.0, in: Computer und Arbeit 6/2013, S. 7.

Angestellte sind mit deutlich erhöhten Komplexitäts-, Problemlösungs-, Lern- und vor allem auch Flexibilitätsanforderungen konfrontiert. Es steigt der Bedarf an Überblickswissen und Verständnis über das Zusammenspiel aller Akteure."[15]

Es seien nicht nur fachliche Kompetenzen, sondern vor dem Hintergrund intensiver Vernetzung auch soziale und interdisziplinäre Kompetenzen gefragt. „Kurzum: Durch das Zusammenwachsen von Produktionstechnologie, Automatisierungstechnik und Software werden mehr Arbeitsaufgaben in einem technologisch, organisatorisch und sozial sehr breit und flexibel gefassten Handlungsfeld zu bewältigen sein."[16]

In Bezug auf die Qualifikationsanforderungen spricht sie von einer Requalifizierung von Produktionsarbeit, da die Beschäftigten vor allem als Problemlöser und Entscheider gefragt seien. Dies eröffne Arbeitszusammenhänge, die mit wachsender Eigenverantwortung und einer Steigerung der Arbeits-, Kooperations- und Beteiligungsqualität einhergehen. Sie betont aber auch die Widersprüchlichkeiten der Entwicklung, denn mit fortschreitender IT-Durchdringung „dürfte sich der Abbau einfacher, manueller Tätigkeiten in der industriellen Fertigung fortsetzen."[17] Offen bleibe die Frage, ob sich der Wegfall von Arbeitsplätzen in der Produktion durch Planungs- oder Servicetätigkeiten kompensieren lasse. Denn auszuschließen sei ein Entwicklungspfad in Richtung eines digital basierten, neuen Taylorismus 4.0 nicht. Sie hält eine solche Entwicklung für dysfunktional, denn gerade die hochkomplexen Systeme seien auf menschliche Interventionen angewiesen. Hier stellt sich allerdings die Frage nach den „Ironies of Automation" („Automation of industrial processes may expand rather than eliminate problems with the human operator"[18]) und nach der Notwendigkeit innovativer Arbeitsorganisationskonzepte.

Nach Kurz sollen diese Konzepte *lernförderlich* sein und das Prinzip „dezentraler Selbststeuerung mit breit gefassten Aufgabeninhalten, hohen Dispositionsspielräumen sowie Kooperation, Kommunikation- und Interaktionen zwischen den Beschäftigten und/oder den technischen Operationssystemen entlang der gesamten Wertschöpfungskette ermöglichen". Dies impliziere Überlegungen, wie kooperative Lern- und Arbeitsprozesse quer zu den herkömmlichen Funktions- und Abteilungsstrukturen gefördert und sichergestellt werden könnten.[19]

Kurz sieht mit dem Aufkommen von Industrie 4.0, dass das ganze Thema des lebenslangen Lernens noch einmal deutlich akzentuiert wird. Dementsprechend müssten umfassende Maßnahmen der arbeitsplatznahen Qualifizierung für die Breite der Beschäftigten inklusive der Ingenieure entwickelt werden.

---

[15]Ebda.

[16]Ebda.

[17]Kurz, C. Ebda. Diese Argumentation erinnert sehr an die Kern/Schumannschen „Neuen Produktionskonzepte" die in „Das Ende der Arbeitsteilung?" herausgearbeitet wurden. Neues Industriezeitalter, alte Thesen?

[18]Bainbridge, L. (1983): Ironies of Automation, in: Automatica, Vol. 19, No 6, pp. 775–779.

[19]Ebda.

Der Terminus „innovative Arbeitspolitik" als Fortsetzung der Neuen Produktionskonzepte aus den 80er Jahren könnte damit wie folgt umrissen werden: Auf Selbstständigkeit ausgelegte und erweiterte Gestaltungsspielräume, die durch leistungspolitische Regelungen flankiert werden sowie wesentlich größere Beteiligungsrechte, sprich mehr Demokratie im Betrieb.

Industrie 4.0 als soziotechnisches System

Die Position oder Auffassung, dass menschliche Arbeit und Qualifikation auch in Zukunft eine wichtige Rolle spielen wird, wird auch von mehreren Studien aus dem ingenieurwissenschaftlichen Bereich gestützt. In einer Befragung von Betrieben und Experten, die das Fraunhofer Institut für Arbeitswirtschaft und Organisation (IAO) durchführte, gaben 97 % der Befragten an, dass menschliche Arbeit in fünf Jahren wichtig oder sogar sehr wichtig sein werde.[20]

Fraunhofer IAO, Spath (Hrsg.) 2013: Industriearbeit der Zukunft – Industrie 4.0

„Klar ist jedoch auch, dass sich die Produktion und damit auch die Produktionsarbeit ändern werden. Es stellt sich die vielmehr die Frage, wie die Arbeit in Zukunft aussehen wird."[21]

Von Kurz aber auch anderen in den Gewerkschaften wird darauf hingewiesen, dass es im Gegensatz zu früheren digital basierten Technikkonzepten heute Anknüpfungspunkte für eine stärkere Berücksichtigung der menschlich-sozialen Komponenten gebe. „Konkret heißt das: Industrie 4.0 wird als soziotechnisches System verstanden, das nicht nur neue technische, sondern auch neue soziale Infrastrukturen braucht, um erfolgreich umgesetzt zu werden."[22]

---

[20]Spath, D. (Hrsg.) et al. (2013): Produktionsarbeit der Zukunft – Industrie 4.0, Fraunhofer-Institut für Arbeitswirtschaft und Organisation (IAO), Stuttgart.

[21]Ebda. S. 51.

[22]Kurz, C. (2014): Industriearbeit 4.0 Der Mensch steht im Mittelpunkt – aber wie kommt er dahin?, in: Computer und Arbeit 5/2014, S. 8.

Dabei kann Kurz sich auf Empfehlungen eines Arbeitskreises der beteiligten Industrie-
Verbände (u.a. ZVEI, VDMA, BITKOM) aber auch BDI und DGB berufen, die in ihren
Umsetzungsempfehlungen festhalten, dass nicht allein technische, wirtschaftliche und
rechtliche Aspekte und die Orientierung auf die Wettbewerbsfähigkeit eine Rolle spielen,
sondern auch eine sehr viel stärkere strukturelle Einbindung der Beschäftigten in Innovationsprozesse sichergestellt werden müsse.

„Entscheidend für eine erfolgreiche Veränderung, die durch die Beschäftigten positiv
bewertet wird, sind neben umfassenden Qualifizierungs- und Weiterbildungsmaßnahmen
die Organisations- und Gestaltungsmodelle von Arbeit. Dies sollen Modelle sein, die ein
hohes Maß an selbstverantwortlicher Autonomie mit dezentralen Führungs- und Steuerungsformen kombinieren."[23]

Den Beschäftigten sollen erweiterte Entscheidungs- und Beteiligungsspielräume sowie
Möglichkeiten zur Belastungsregulation zugestanden werden. Dies alles vor dem Hintergrund des demografischen Wandels, der quasi als Bedrohungsszenario verlangt, die vorhandenen Arbeitskraftpotenziale besser auszuschöpfen, um die Arbeitsproduktivität halten
zu können. Insofern müssen Voraussetzungen geschaffen werden, um ältere Beschäftigten
in diesem Umwandlungsprozesshin zu Industrie 4.0 mitnehmen zu können. Stichworte
sind hier beispielsweise: Gesundheitsmanagement und Arbeitsorganisation, Lernen und
Laufbahnmodelle, Teamzusammensetzungen.

Es ist zwar positiv zu bewerten, dass sozialgerechte Gestaltungskonzepte nun stärker
berücksichtigt werden sollen, aber wie Kurz hervorhebt, ist es in keiner Weise ausgemacht,
wie derartige Konzepte und eine beschäftigungsorientierte Arbeitspolitik aussehen könnten.[24]

Es könnten Beschäftigte mit geringen oder falschen Qualifikationen, auf der Strecke
bleiben, Selbstausbeutung könnte zunehmen und die Kontrollstrategien inklusive verstärkter Überwachung des einzelnen könnten zunehmen. Die Beschäftigten könnten zu einem vernetzten Rädchen in einer unmenschlichen Cyber-Fabrik ohne nennenswerte Hand-
lungsmöglichkeiten werden.

Die IG Metall hält daher unbedingtes Einmischen in den Kontext der Umsetzung von
Industrie 4.0 für erforderlich und formuliert ihre Forderungen auf zwei Ebenen, einmal
eher allgemein arbeitspolitisch:

- danach sollen, abstrakt allgemein formuliert, die Menschen die Systeme nutzen und
  nicht umgekehrt
- die Beschäftigten sollen beteiligt werden und sich regelmäßig weiterbilden können
- es soll keinen Platz für prekäre Beschäftigungsverhältnisse geben

---

[23] Acatech (Deutsche Akademie der Technikwissenschaften)/Forschungsunion (2013): Umsetzungsempfehlungen für das Zukunftsprojekt Industrie 4.0, Abschlussbericht des Arbeitskreises Industrie 4.0, Frankfurt/M., S. 27.

[24] Kurz, C. (2014): a.a.O., S. 9.

- Flexibilität, Lern- und Wandlungsfähigkeit sollen sich auf Basis intelligent gestalteter Arbeitssysteme entwickeln können.[25]

Hofmann formuliert konkreter die Anforderungen an eine humanorientierte Unterstützung durch Assistenzsysteme, die folgende Punkte erfüllen sollen:

- vielfältige Lernfunktion
- interessante Tätigkeitsfelder
- ergonomisch orientierte Lösungen
- alternsgerechte Arbeitsgestaltung
- innovative Unterstützungsmöglichkeiten für Schwerbehinderte.[26]

Wie Hirsch-Kreinsen hervorhebt hängt viel von der Art und Weise der betrieblichen Einführung der neuen Organisationsmodelle und Technologien ab. Auf Basis älterer Untersuchungen kommt er zu der Einschätzung, dass technikzentrierte Systeme vor allem vom mittleren technischen Management angestoßen und verfolgt werden. Dabei werde das Ziel verfolgt, die eigenen technischen Vorstellungen zu realisieren und aufwendige Abstimmungsprozesse mit weiteren betrieblichen Bereichen oder dem Betriebsrat zu vermeiden. Einführungsprozesse, die systematisch arbeitsgestalterische Kriterien einbeziehen, sind wesentlich aufwendiger und beziehen einen größeren Kreis unterschiedlicher betrieblicher Akteure ein. „Damit wird die Absicht verfolgt, die betrieblichen Erfordernisse möglichst umfassend zu berücksichtigen und etwa Akzeptanzprobleme zu minimieren."[27]

Kein vorgezeichneter Weg der Automatisierung

Auch Kärcher (in diesem Band) betont, dass es prinzipiell diese zwei grundsätzlichen Optionen für den Einsatz von Automatisierungstechnik gebe. Es sei nicht so, „dass die technische Entwicklung die Unternehmen dazu zwingen würde, den einen oder anderen dieser Wege zu gehen." Die Unternehmen selbst könnten entscheiden, welchen Weg sie gehen wollen, ob sie betriebswirtschaftliche oder ethisch-soziale Kriterien priorisieren.

Kärcher hält allerdings die im Rahmen der CIM-Implementation versuchte top–down-Strategie für verfehlt, heutige Entwicklungen setzten bei den autonomen Systemen und cyber-physischen Systemen auf dezentrale Automatisierung. Statt einer Kommandobrücke gebe es heute einen Marktplatz, auf dem autonome technische Systeme dezentral und vor

---

[25]Ebda., S. 10.

[26]Hofmann, J. (2014b): Industrie 4.0 – beteiligen, einmischen, die digitale Arbeitswelt gestalten, Präsentation Mittagstalk Berliner Büro der IG Metall 18.06.2014.

[27]Hirsch-Kreinsen (2014): a.a.O., S. 31. Allerdings dürfte es schwierig sein, schon aufgrund der Datenschutz-Problematik, diese Systeme am Betriebsrat vorbei einzuführen. Hier greift in jedem Fall §87.1.6 des BetrVG.

Ort Lösungen für Produktionsprobleme aushandelten. Deshalb stünden Lösungen im Mittelpunkt, bei denen der Mensch unmittelbar mit der Technik interagieren könne. Die Robotik der Zukunft interagiere mit dem Menschen und weiche ihm durch intelligente Sensorik aus. Diese Maschinen unterstützen durch ihre wachsende Intelligenz den Menschen bei ihrer Arbeit und entlasteten ihn, zum Beispiel bei der Montage. „Insgesamt ist Anpassung gefragt. Der Mitarbeiter muss nicht unbedingt mehr Qualifikationen aufweisen können, sondern vor allem andere als heute."

‚Anpassung' deutet allerdings nicht gerade auf einen autonomen Umgang mit der neuen Technik hin, sondern eher auf Subsumption.

Kärcher weist weiterhin auf die zugrunde liegende Organisationsphilosophie hin, die auch die Auffassung von der Rolle der Beschäftigten innerhalb des Prozesses bestimme. Damit hingen bestimmte Fragen zusammen, wie etwa, ob die Beschäftigten als Handelnde oder als Produktionsressource, die möglichst gut gesteuert werden müsse, gesehen werden. Sollen Informationen über die Menschen erzeugt und verarbeitet werden, oder für diese? Sollen menschliche Fähigkeiten ersetzt oder unterstützt werden? Aus eigenen technischen Projekten zieht Kärcher folgende Schlussfolgerungen:

- Gestaltung und Optimierung der Produktionsprozesse dezentral vor Ort
- Menschliche Kompetenz als zentrale Ressource für die Steuerung und Optimierung
- Technische Systeme als Kompetenzverstärker für die Nutzer.

„Die schon vorhandene Kompetenz der Nutzer wird ernst genommen und in den Mittelpunkt des Konzepts gestellt. Zugleich bieten die Analyse- und Visualisierungsinstrumente Gelegenheit zum kontinuierlichen Weiterlernen in der Arbeit."

Qualifikationsbedarf und Lernförderlichkeit

Was den Qualifikationsbedarf für Industrie 4.0 angeht, so wird dieser aufgrund der bisher noch kaum verbreiteten Anwendungsfälle auf der Basis von Technology-Roadmaps abgebildet. Hartmann und Bovenschulte (2014) haben vor diesem Hintergrund typische Industrie 4.0 Qualifikationsanforderungen identifiziert.[28]

Danach ergebe sich eine der Anforderungen aus der Konvergenz von mechanischen, elektronischen und Software basierten Komponenten oder Systemen, die sich auf allen Ebenen bemerkbar machen werde. Dies könne dazu führen, einen Ausbildungsberuf „Industrieinformatiker" zu konzipieren bzw. eine Weiterbildungsmöglichkeit für Mechatroniker zu etablieren. Bei der Hochschulausbildung ginge es darum, ein Studienprogramm „Industrielle Kognitionswissenschaft" zu kreieren. Ähnlich verhalte es sich mit der Spezialisierung im Bereich „Automationsbionik". Als Querschnittsqualifikation wird aufgrund der

---

[28]Hartmann, E.A., Bovenschulte, M. (2014): Skills Needs Analysis for „Industry 4.0" Based on Roadmaps for Smart Systems, in: Skolkovo-ILO-Workshop Proceedings: Using Technology Foresights for Identifying Future Skills Needs, Geneva, ILO 2014.

stärkeren Interaktion zwischen Roboter-Systemen und Beschäftigten (Mensch–Maschine-Interaktion) das Thema Sicherheit eine zentrale Rolle einnehmen. „When there are no fixed processes, safety considerations need to be part of the work process itself re-considering every situation anew according to safety aspects."[29]

Zusammenfassend lässt sich festhalten, dass die Mensch–Maschine-Kommunikation neue Aus- und Weiterbildungserfordernisse auf die Tagesordnung setzt, die Zusammenführung von Produktionstechnologie und Softwareentwicklung, interdisziplinäre Orientierung der Fachkräfte sowie eine lernförderliche Arbeitsorganisation, die arbeitsintegriertes Lernen ermöglicht. Neue Formen des Lernens etwa mit Hilfe digitaler Lerntechnologien, die direkt mit der Produktionstechnologie verbunden sind, sind aber noch Zukunftsmusik.

Was Lernförderlichkeit genau bedeutet, untersucht Mühlbradt (2014) näher. Lernförderlichkeit und Lernen im Prozess der Arbeit seien demnach miteinander verbunden.[30]

Als Kernelement des Lernens im Prozess der Arbeit wird die Aufgabenanalyse identifiziert. „Diese kann in grober und dann in zunehmend feinerer Form erfolgen. In grober Form kann die gesamte Arbeitstätigkeit als Summe der dominierenden (häufigsten) Arbeitsaufgaben betrachtet werden. In diesem Ansatz werden Arbeitstätigkeiten nach ihren Anforderungen entlang der Dimensionen ‚Aufgabenvielfalt' und ‚Analysierbarkeit der Aufgabe' unterschieden. Dabei bezeichnet Aufgabenvielfalt die Anzahl verschiedenartiger Aufgaben in der Tätigkeit und Analysierbarkeit die Zerlegbarkeit der Aufgaben in standardisierte Schritte."[31] Die Aufgaben werden anschließend klassifiziert nach den Anforderungsniveaus hinsichtlich dieser beiden Dimensionen.

Eine Feinanalyse analysiert eine bestimmte Aufgabe hinsichtlich ihrer Lerninhalte.

Bei einfachen Tätigkeiten werden Arbeitsabläufe in kleine Lerneinheiten zerlegt und die einzelnen Arbeitsschritte benannt. Gleichzeitig wird vermittelt, welche Punkte für die Erreichung von Aufgabenzielen wie etwa Qualität, Produktivität oder Sicherheit wichtig sind. Hier geht es hauptsächlich um eine Kombination von Vormachen, Beobachten und Nachmachen von Arbeitsschritten.[32]

Bei komplexeren Arbeitstätigkeiten wird davon ausgegangen, dass diese auch lernförderlicher sind sowohl hinsichtlich ihrer kognitiven Anforderungen als auch hinsichtlich des mit ihnen verbundenen Motivationspotenzials. „Werden Arbeitstätigkeiten auf diese Weise komplexer, kann ein Komplexitätsgrad erreicht werden, der nur in selbstregulierenden Gruppen bewältigt werden kann."[33] Daher sei die teilautonome Gruppenarbeit ein adäquater Ansatz für eine entsprechende Arbeitsorganisation. Dieser Gestaltungsansatz ist allerdings, wie bekannt, in deutschen Betrieben wenig verbreitet.

---

[29]Ebda.

[30]Mühlbradt, Th. (2014): Was macht Arbeit lernförderlich? Eine Bestandsaufnahme, MTM-Schriften Industrial Engineering Ausgabe 1, Deutsche MTM-Vereinigung e.V., MTM-Institut (Hrsg.) Zeuthen.

[31]Ebda., S. 7.

[32]Ebda., S. 8.

[33]Ebda., S. 9.

Mühlbradt führt, gestützt auf die einschlägige Fachliteratur folgende Merkmale an, die für die Lernförderlichkeit von Tätigkeiten maßgeblich sind:

- Selbständigkeit
- Partizipation
- Variabilität
- Komplexität
- Kommunikation/Kooperation
- Feedback und Information
- Zeitdruck (negativer Einfluss auf Lernförderlichkeit).

Dabei seien Selbständigkeit und Komplexität zentrale Dimensionen der Lernförderlichkeit.

Mühlbradt zeigt im weiteren, dass eine ganze Reihe von Konzepten aus der Arbeitspsychologie, der Organisationsforschung und dem Industrial Engineering Ansatzpunkte für eine lernförderliche Gestaltung von Arbeitsumgebungen liefern. Aus der Fülle von (empirischen) Untersuchungen zur Verbreitung von Arbeits- und Produktionsmodellen kristallisieren sich zwei heraus, bei denen lernförderliche Ansätze die größten Chancen haben. Dies sei zum einen ein Produktionsmodell, das durch hohe Anteile von „learning forms" gekennzeichnet ist und sich an das schwedische Model der soziotechnischen Arbeitsorganisation anlehnt, und zum anderen Formen der Lean-Production, die ebenfalls auf Lernformen in der Produktion setze, aber weit weniger Anteile an Autonomie besitze.

Aus diesen beiden Modellen entwickelt Mühlbradt ein integratives Modell der Lernförderlichkeit.

Integratives Modell der Lernförderlichkeit (Mühlbradt)
Quelle: Mühlbradt, Th. (2014)

Dabei sind im Bereich „Lerngehalt von Arbeitstätigkeiten" die Analyse und Gestaltung von Arbeitsaufgaben angesiedelt, im Bereich „Arbeitsorientierte Lernformen" sind Vorgehensweisen, Methoden und Instrumente angesiedelt, die das Lernen im Prozess der Arbeit durch eine arbeitsorientierte Didaktik und Methodik mit und ohne Informationstechnologie unterstützen.[34]

Das tatsächliche Lernen im Prozess der Arbeit findet im unteren Teil in verschiedenen Tätigkeitsarten statt. Beim organisationalen Lernen stehen die Lernziele der Organisation im Mittelpunkt. Hier findet Lernen im Team statt.

Mühlbradt weist zum Abschluss darauf hin, dass bei der lernförderlichen Gestaltung von Arbeitssystemen Ingenieuren und Technikern innerhalb und außerhalb der Unternehmen sowie den Engineering-Communities eine entscheidende Bedeutung zukomme – im Sinne einer größeren Partizipation der Beschäftigten ist das allerdings zu wenig, möchte man hinzufügen.

Es ist allerdings im Sinne einer wirksamen und nachhaltigen Einführung und Implementierung lernförderlicher Arbeitsbedingungen höchst sinnvoll, wenn nicht unerlässlich, in neuen Akteurskonstellationen nach den Gestaltungsoptionen zu suchen, die unter den technologischen Bedingungen von Industrie 4.0 und unter den aktuellen und absehbaren gesellschaftlichen Bedingungen – der demografische Wandel ist dabei nur ein Stichwort – dabei den besten Erfolg – insbesondere auch im Sinne der Beschäftigten – versprechen.

Zu diesen neuen Akteurskonstellationen gehören alle, die Arbeitssysteme in der Praxis gestalten: Konstrukteure, Technische Planer und Industrial Engineers, Gestalter von IT-Strukturen und -Prozessen, Personalleiter, Personalentwickler und Ausbilder, Führungskräfte, Geschäftsführungen und Betriebsräte, auf überbetrieblicher Ebene die Sozialpartner, und nicht zuletzt die Beschäftigten selbst.

In aktuellen Projekten deuten sich diese neuen Konstellationen bereits an.[35] Die deutschen Gewerkschaften – insbesondere die IG Metall – werden solche zukunftsgerichteten Entwicklungen aktiv und – im Sinne der Beschäftigten – kritisch und konstruktiv begleiten.

Literaturverzeichnis

Acatech (Deutsche Akademie der Technikwissenschaften), Forschungsunion (2013). *Umsetzungsempfehlungen für das Zukunftsprojekt Industrie 4.0, Abschlussbericht des Arbeitskreises Industrie, 4.0.* Frankfurt/M.

---

[34]Mühlbradt, Th. (2014): a.a.O., S. 25.

[35]Z. B. das vom BMBF geförderte Projekt ELIAS – Engineering und Mainstreaming lernförderlicher industrieller Arbeitssysteme für die Industrie 4.0, online: http://www.fir.rwth-aachen.de/forschung/forschungsprojekte/elias-01xz13007.

Auer, P., & Riegler, C. H. (1988). *Gruppenarbeit bei VOLVO*. Berlin.

Bainbridge, L. (1983). Ironies of automation. *Automatica, 19*(6), 775–779.

Brödner, P. (1985). *Alternative Entwicklungspfade in die Zukunft der Fabrik*. Berlin.

Hartmann, E. A. (2009). Internet der Dinge-Technologien im Anwendungsfeld „Produktions-Fertigungsplanung". In A. Botthof & M. Bovenschulte (Hrsg.), *Das „Internet der Dinge". Die Informatisierung der Arbeitswelt und des Alltags: Vol. 176. Arbeitspapier*. Düsseldorf: Hans Böckler Stiftung.

Hartmann, E. A., & Bovenschulte, M. (2014). Skills needs analysis for „Industry 4.0" based on roadmaps for smart systems. In *Skolkovo-ILO-workshop proceedings: using technology foresights for identifying future skills needs, Geneva, ILO 2014*.

Hirsch-Kreinsen, H. (2014). *Wandel von Produktionsarbeit – „Industrie 4.0"*, soziologisches Arbeitspapier Nr. 38/2014. TU Dortmund.

Hofmann, J. (2014a). Wissensproduktion als Diskurs- und Praxisgemeinschaft von Arbeitsforschung und gewerkschaftlicher Arbeitspolitik. In D. Wetzel et al. (Hrsg.), *Industriearbeit und Arbeitspolitik. Kooperationsfelder von Wissenschaft und Gewerkschaft*. Hamburg.

Hofmann, J. (2014b). Industrie 4.0 – beteiligen, einmischen, die digitale Arbeitswelt gestalten. Präsentation Mittagstalk Berliner Büro der IG Metall 18.06.2014.

Kurz, C. (2013). Industrie 4.0 verändert die Arbeitswelt. *Gegenblende* 24.11.2013.

Kurz, C. (2014). Industriearbeit 4.0 Der Mensch steht im Mittelpunkt – aber wie kommt er dahin? *Computer und Arbeit, 5*.

Mühlbradt, Th. (2014). Was macht Arbeit lernförderlich? Eine Bestandsaufnahme. In Deutsche MTM-Vereinigung e.V. & MTM-Institut (Hrsg.), *MTM-Schriften Industrial Engineering Ausgabe 1*. Zeuthen.

Ramge, U. (1993). *Aktuelle Gruppenarbeitskonzepte in der deutschen Automobilindustrie*. Manuskripte 123. Düsseldorf: Hans Böckler Stiftung.

Schumann, M. (2014). Praxisorientierte Industriesoziologie. Eine kritische Bilanz in eigener Sache. In D. Wetzel, J. Hofmann, & H.-J. Urban (Hrsg.), *Industriearbeit und Arbeitspolitik*. Hamburg: Kooperationsfelder von Wissenschaft und Gewerkschaft.

Spath, D. (Hrsg.), et al. (2013). *Produktionsarbeit der Zukunft – Industrie 4.0*. Stuttgart: Fraunhofer-Institut für Arbeitswirtschaft und Organisation (IAO).

Steinberger, V. (2013). Arbeit in der Industrie 4.0. *Computer und Arbeit, 6*.

VDI-Nachrichten (2014). Was passiert mit der Fabrikarbeit? *14*.

Wetzel D., Hofmann, J., & Urban, H.-J. (Hrsg.) (2014). *Industriearbeit und Arbeitspolitik*. Hamburg: Kooperationsfelder von Wissenschaft und Gewerkschaft.

Erfahrungen und Herausforderungen in der Industrie

Alternative Wege in die Industrie 4.0 – Möglichkeiten und Grenzen

Bernd Kärcher

Einleitung

Jede Aussage zur Industrie 4.0, ihrer Ausgestaltung und ihrer Konsequenzen ist zum heutigen Zeitpunkt notwendigerweise spekulativ. Konkrete Erfahrungen mit Industrie 4.0 – im Sinne des anspruchsvollen technologischen Konzepts, das in Wissenschaft, Wirtschaft und Politik diskutiert wird (Promotorengruppe 2013) – gibt es in der Industrie bisher nicht oder nur in Ansätzen.

Es gibt allerdings Erfahrungen aus technologischen und organisatorischen Innovationsprozessen der Vergangenheit, und es gibt Wissen über aktuelle technologische Entwicklungen, insbesondere im deutschen Maschinenbau. Auf diesen Grundlagen soll im Folgenden ein Blick in die Zukunft gewagt werden.

Die Erfahrungen der letzten Jahrzehnte deuten darauf hin, dass es eigentlich immer zwei grundsätzliche Optionen für den Einsatz von Automatisierungstechnik – im weiteren Sinne – gibt: Einen technikzentrierten Weg, der neben der Automatisierung von Arbeitsprozessen selbst sehr stark auf die Überwachung, Kontrolle und ‚Steuerung' der Mitarbeiter durch technische Mittel setzt. Und einen alternativen Weg, bei dem eine ausgewogene Gesamtlösung in den Dimensionen ‚Mensch', ‚Technik' und ‚Organisation' im Vordergrund steht.

Es wird hier die Position vertreten, dass es hinsichtlich dieser beiden Wege keinen technologischen Determinismus gibt: Es ist nicht so, dass ‚die technische Entwicklung' die Unternehmen dazu zwingen würde, den einen oder anderen dieser Wege zu gehen. Unternehmen können entscheiden, welchen Weg sie gehen wollen. Sie können auch entscheiden,

B. Kärcher (✉)
Festo AG & Co. KG, Abteilung CR-MC, Leitung Research Mechatronic Components,
Ruiter Strasse 82, 73734 Esslingen, Deutschland
e-mail: Kch@de.festo.com

© The Author(s) 2015
A. Botthof, E.A. Hartmann (Hrsg.), *Zukunft der Arbeit in Industrie 4.0*,
DOI 10.1007/978-3-662-45915-7_5

nach welchen Kriterien sie entscheiden wollen: Betriebswirtschaftliche Kriterien – kurz-, mittel- oder langfristig orientiert – oder auch ethische und soziale Kriterien.

Die Automatisierungslösungen von Festo sind grundsätzlich für beide Wege in die Industrie 4.0 geeignet.

Ich denke aber auch, dass für Deutschland mit seiner hochentwickelten Industrie und seinen hochqualifizierten Beschäftigten – egal ob Hochschulabsolventen oder beruflich Qualifizierte – der zweite, ganzheitliche Weg, den auch Festo geht, besonders wichtig ist. Deshalb möchte ich auf technische Lösungen für dieses Szenario einen besonderen Akzent legen und dies durch Beispiele aus einem aktuellen Forschungsprojekt illustrieren.

Festo steht nicht nur für Automatisierungstechnik, sondern ebenso – für viele Menschen sogar noch mehr – für Didaktik. Deswegen, und weil Festo als Anwendungsbetrieb moderner Technik auch selbst betroffen ist, liegt es für mich nahe, auch einige Vermutungen – ‚educated guesses‘ – zu zukünftigen Qualifikations- und Qualifizierungsbedarfen im Kontext der Industrie 4.0 zu äußern.

Zum Abschluss dieses Beitrags möchte ich einige Anregungen für mögliche Handlungsweisen geben, die den Weg in die Industrie 4.0 für Unternehmen und Beschäftigte besser begehbar machen könnten.

Zwei Wege in die Industrie 4.0

In den Achtziger- und Neunzigerjahre des zwanzigsten Jahrhunderts wurde eine intensive Debatte um die rechnerintegrierte Fertigung – CIM – geführt. Auch damals standen sich zwei alternative Szenarien gegenüber.

Das eine Szenario orientierte sich an der Vision einer wenn auch nicht menschenleeren, so aber doch weitgehend automatisierten Fabrik. Komplexe IKT-Technik – als zentrale Ressource ausgelegt – sollte das Rückgrat bilden für eine durchgehende Daten- und Automatisierungskette von der Konstruktion (CAD, Computer Aided Design) über die Produktionsplanung (CAP, Computer Aided Planning) bis zur Produktion (CAM, Computer Aided Manufacturing). Neben der unmittelbaren Automatisierung von Arbeitsprozessen sollten technische Systeme in diesem Szenario auch zur Kontrolle und Verhaltenssteuerung der – noch verbliebenen – Mitarbeiter dienen.

Ein alternatives Szenario – auch, humanzentriertes CIM (H-CIM, z. B. Bey et al. 1995) genannt – betonte demgegenüber den Aspekt, dass Menschen weiterhin eine zentrale Rolle im Produktionsprozess spielen werden – und auch spielen sollen. Konzepte wie Gruppenarbeit, Werkstattprogrammierung von Werkzeugmaschinen (z. B. Blum und Hartmann 1988) und anderen Produktionsanlagen sowie die Beteiligung der Mitarbeiter (z. B. Sell und Fuchs-Frohnhofen 1993) an der Gestaltung und Einführung von Automatisierungslösungen spielten in diesem Kontext eine Rolle.

Die technologischen Grundlagen haben sich seitdem verändert. Um nur einen zentralen Aspekt zu benennen: Die damaligen CIM-Konzepte gingen von einer sehr zentralistischen, ‚top–down‘ orientierten IT-Struktur aus. Ganz im Gegensatz dazu setzen heutige Entwicklungen – unter den Stichworten autonome Systeme und cyber-physikalische Systeme –

auf dezentrale Automatisierung. Oder in Bildern gesprochen: der ‚Kommandobrücke' der früheren CIM-Philosophie steht nun ein ‚Marktplatz' gegenüber, auf dem autonome technische Systeme dezentral und ‚vor Ort' Lösungen für Produktionsprobleme ‚aushandeln'.

Dennoch wird heute ganz ähnlicher Weise, wie oben am Beispiel ‚CIM' dargestellt, über Szenarien für die Industrie 4.0 diskutiert. Und das ist auch richtig so, denn die grundsätzlichen Gestaltungsfragen stellen sich heute genauso:

- Sollen die technischen Systeme den Menschen ersetzen – beziehungsweise gängeln – oder sollen sie ihn unterstützen?
- Möchten wir den Menschen als ‚Bediener' der Technik sehen, oder als ‚Nutzer'?
- Soll die Flexibilität, die Unternehmen in ihren Produktionsabläufen brauchen, durch flexible Technik realisiert werden, durch flexible Menschen, oder durch eine sinnvolle Kombination aus beidem?

Die technischen Systeme die heute – auch bei Festo – als Elemente der Industrie 4.0 entwickelt werden, können in beiden Szenarien – dem technikzentrierten wie dem ganzheitlichen – eingesetzt werden.

Es ist auch möglich, nach beiden Szenarien in Deutschland wettbewerbsfähig zu produzieren; dies gilt – in gewissen Grenzen – auch über unterschiedliche Branchen und Produkte hinweg.

Die Entscheidung für den einen oder den anderen Weg treffen Unternehmer und Unternehmen nach ihren jeweils eigenen Kriterien. Dabei spielen Philosophien der – engeren oder erweiterten – Wirtschaftlichkeitsbetrachtung ebenso eine Rolle wie ganz grundlegende Werte der Unternehmen.

Merkmale einer humanzentrierten Gestaltung der Mensch–Technik-Interaktion

Grundlegende Gestaltungsfragen

Grundlegende Gestaltungsfragen für die Zukunft der Arbeit wurden oben schon kurz und plakativ formuliert.

Der Mensch bleibt ein integraler und unverzichtbarer Bestandteil der Produktionswelt der Zukunft, denn er ist der flexibelste und intelligenteste Teil der heutigen und auch der künftigen Fabrik. Mit der Industrie 4.0 wandern Mensch und Technik noch enger zusammen. Festo forscht deshalb an Lösungen, bei denen der Mensch unmittelbar mit der Technik interagieren kann.

Dabei wird sich die Arbeitswelt natürlich verändern. Einige der heutigen Tätigkeitsfelder wird es in der Zukunft nicht mehr geben, aber dafür werden neue Tätigkeitsfelder dazukommen. Der Mitarbeiter wird abwechslungsreichere und interessantere Tätigkeiten ausüben. Möglicherweise werden manche Tätigkeiten auch schwieriger, was heute noch nicht abzuschätzen ist. Insgesamt ist Anpassung gefragt. Der Mitarbeiter muss nicht un-bedingt mehr Qualifikationen aufweisen können, sondern vor allem andere als heute.

Diese Aspekte sollen nun noch etwas systematischer betrachtet werden.[1]

Eine ganz grundsätzliche Frage betrifft die *Organisationsphilosophie* des Unterneh-mens. Soll sie eher zentral oder dezentral sein? Sollen Entscheidungen eher auf höheren Ebenen der Organisation fallen oder auch vor Ort, zum Beispiel in der Produktion oder im Service? Soll die Transparenz über alle Vorgänge – auch im Detail – bis in die höchsten Entscheidungsebenen hergestellt werden, oder kann die Organisation damit leben, dass dezentrale Handlungen und Entscheidungen als ‚black box' betrachtet werden können?

Zweitens spielt das ‚*Bild der Arbeit*', des arbeitenden Menschen in den Köpfen der Ent-scheidungsträger eine wichtige Rolle. Werden die Mitarbeiter als kompetent Handelnde und (Mit-) Entscheidende gesehen, oder als Produktionsressourcen, die möglichst gut ge-steuert und kontrolliert werden müssen? Damit zusammenhängend: Sind Menschen *Nutzer* der Technik oder ihre *Bediener*?

Dieses mentale Bild der Arbeit hängt natürlich ganz entscheidend davon ab, welche Arten von Beschäftigten, mit welchen Qualifikationsniveaus vorhanden, verfügbar oder auch gewünscht sind. Darauf wird weiter unten zurückzukommen sein.

Die Organisationsphilosophie und das Bild der Arbeit hängen natürlich miteinander zusammen. Und beides hat Auswirkungen auf die Gestaltung der Technik.

Auch bei der *Technikgestaltung* sind – cum grano salis – zwei paradigmatische Wege zu erkennen, die sich plakativ an der Beantwortung folgender Fragen festmachen lassen: Sollen vornehmlich Informationen *über* die Menschen erzeugt, verarbeitet und aufbereitet werden oder *für* die Menschen? Sollen menschliche Fähigkeiten *ersetzt* oder *unterstützt* beziehungsweise *verstärkt* werden?

Im Rahmen einer zentralistischen Organisationsphilosophie wären die jeweils ersten, in einer dezentralen Philosophie die jeweils zweiten Antworten naheliegend.

Manchmal wird auch von technikzentrierten gegenüber menschzentrierte Gestaltungs-philosophie gesprochen. Wenn auch Parallelen zu erkennen sind zu den Unterscheidungen, die ich oben getroffen habe, möchte ich diese Begrifflichkeit nicht übernehmen, weil Tech-nik für beide Wege der Gestaltung der Arbeit in der Industrie 4.0 wichtig sein wird. Auch der Mensch wird in beiden Fällen wichtig sein, allerdings in unterschiedlichen Rollen, wie oben beschrieben.

Diese eher theoretischen Betrachtungen sollen im Folgenden illustriert werden anhand eines konkreten und aktuellen Projektbeispiels.[2] Es wird schnell offenkundig werden, dass sich dieses Beispiel an dem zweiten Weg orientiert: Eine eher dezentrale Organisation mit kompetenten Mitarbeitern, deren Handlungsfähigkeit durch neue technische Systeme unterstützt werden soll.

---

[1]Vgl. zum Folgenden auch den Beitrag von Hartmut Hirsch-Kreinsen „Entwicklungsperspektiven von Produktionsarbeit" in diesem Band.

[2]http://www.esima-projekt.de/.

Projektbeispiel ESIMA

Das Projektakronym ESIMA steht für „Optimierte Ressourceneffizienz in der Produktion durch energieautarke Sensorik und Interaktion mit mobilen Anwendern". Es handelt sich dabei um ein Verbundprojekt, das im Rahmen des Forschungsprogramms IKT 2020 im Gebiet „Energieautarke Mobilität – Zuverlässige energieautarke Systeme für den mobilen Menschen" vom Bundesministerium für Bildung und Forschung gefördert wird. Das Projekt läuft seit dem 01.07.2013 und wird plangemäßzum 30.06.2016 enden.

In diesem Projekt kooperiert Festo mit anderen Firmen (Varta, C4C Engineering GmbH, Daimler, EnOcean) sowie Forschungseinrichtungen (Institut für Mikro- und Informationstechnik der Hahn–Schickard-Gesellschaft e.V., Helmut Schmidt Universität Hamburg, Technische Universität Braunschweig).

Im Projekt ESIMA werden Hardware- und Softwaremodule entwickelt, mit denen die Interaktion von Mensch und Maschine soweit vereinfacht werden soll, dass die Nutzer zu jedem Zeitpunkt über Maschinenzustände und Verbräuche von Ressourcen informiert sind. Mit den vorliegenden Daten sind Optimierungen an Produktionsanlagen einfacher durchführbar. Zum Beispiel können Fehler schnell erkannt und behoben werden. Der Verbrauch an Energie und Materialressourcen lässt sich einfacher und transparenter nachverfolgen, sodass auch in diesem Bereich Optimierungen vereinfacht realisiert werden können.

Ein wichtiger Bestandteil des Projekts ist die Entwicklung energieautarker Funksensoren, deren Anbringung in Produktionsanlagen möglichst einfach und ohne Veränderung der Anlagenstruktur realisierbar sein soll. Parallel werden Softwaremodule entwickelt, die einen rollenbasierten Zugang zu den generierten Informationen erlauben. Je nach Anforderung kann somit eine zielgerichtete Interaktion zwischen Anlage und Nutzer erfolgen.

Mit Hilfe dieser drahtlosen Sensoren wird der Energieverbrauch von Maschinen einfacher zu erfassen sein. Die ermittelten Werte werden auf einem mobilen Endgerät im Produktionsumfeld dargestellt. Die Mensch–Technik-Kommunikation soll also über ein dezentrales Informationssystem erfolgen. Zur Visualisierung der Energiekennwerte und Verbrauchstrends werden mobile Geräte wie Tablet PCs verwendet. Dadurch kann der Werker an der Maschine direkt den Energieverbrauch beurteilen und gegebenenfalls aktiv werden. Diese Informationen waren bisher nur für zentrale Abteilungen beziehungsweise höhere Hierarchieebenen verfügbar.

Abbildung 1 zeigt das Grundkonzept von ESIMA: Daten werden erfasst, analysier und verarbeitet, Kennwerte werden gebildet und visualisiert, als Grundlage für die Optimierung der Prozesse durch die Arbeitenden vor Ort.

Diese Grundphilosophie gilt nicht nur für dieses Projekt und den speziellen Fall der Optimierung im Hinblick auf Energieeffizienz. Für Festo ist dies vielmehr eine ganz grundsätzliche Herangehensweise an die Fabrikautomatisierung, die folgenden Prinzipien folgt:

- Gestaltung und Optimierung der Produktionsprozesse möglichst dezentral vor Ort
- Menschliche Kompetenz als zentrale Ressource für die Produktionssteuerung und -optimierung

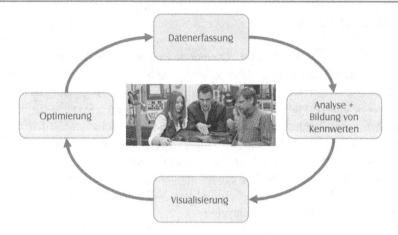

Abb. 1 Grundprinzip des ESIMA-Konzepts

- Technische Systeme als ‚Kompetenzverstärker' für die Nutzer, in zweifacher Hinsicht: Die schon vorhandene Kompetenz der Nutzer wird ernst genommen und in den Mittelpunkt des Konzepts gestellt. Zugleich bieten die Analyse- und Visualisierungsinstrumente Gelegenheit zum kontinuierlichen Weiterlernen in der Arbeit.

Konsequenzen für Qualifikations- und Qualifizierungsbedarfe

Ganz am Anfang dieses Beitrags wurde darauf hingewiesen, dass heute noch niemand genau sagen kann, wie die Industrie 4.0 aussehen wird, einfach weil noch niemand Erfahrungen damit hat. Dies gilt ebenso für die Qualifikationsbedarfe, die mit Industrie 4.0 möglicherweise einhergehen werden.

Auch die zweite Einschätzung, die dort geäußert, gilt hier analog: Es gibt kein ‚Naturgesetz', nach dem sich die zukünftige Realität vorherbestimmen lässt. Die Zukunft wird von vielen Entscheidungen abhängen, die in Politik, Wissenschaft und insbesondere in der Wirtschaft getroffen werden.

Aber ebenso wie für Arbeitsorganisation und Technikgestaltung versucht wurde, anhand einiger Überlegungen und eines Beispiels einen Blick in die Zukunft zu werfen, soll auch eine vorsichtige Spekulation über die Rahmenbedingungen zukünftiger Qualifikationsbedarfe in der Industrie 4.0 gewagt werden.

Ich möchte mich dabei stützen auf Ergebnisse eines internationalen Workshops zum Thema ‚Using Technology Foresights for Identifying Future Skills Needs', den die Internationale Arbeitsorganisation (International Labour Organization, ILO) im Sommer 2013 gemeinsam mit der Moscow School of Management SKOLKOVO in Moskau veranstaltete.

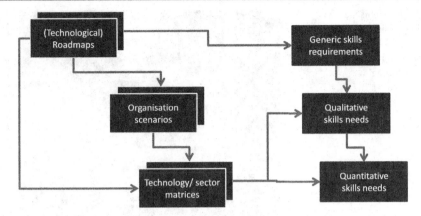

Abb. 2 Methodik zur Qualifikationsbedarfsanalyse basierend auf Technologieroadmaps (Hartmann und Bovenschulte 2013, S. 29)

Einer der Beiträge hat explizit Qualifikationsbedarfe für Industrie 4.0 zum Gegenstand und beinhaltet auch einen methodischen Vorschlag zur Ermittlung dieser Bedarfe (Hartmann und Bovenschulte 2013; alle folgenden Ausführungen in diesem Abschnitt stützen sich auf diesen Beitrag).

Abbildung 2 zeigt einen Überblick über die dort vorgeschlagene Methodik. Ausgangspunkt sind zunächst Technologieroadmaps. Auch wenn Technologien nicht deterministisch wirken, können sicherlich einige Aussagen über ‚Leitplanken' der Entwicklung getroffen werden.

Die Autoren nutzen Materialien der European Technology Platform on Smart Systems Integration (EPoSS),[3] der European Technology Platform für Robotik (EUROP)[4] und der International Electrotechnical Commission (IEC)[5] als Grundlage einer technologischen Vorausschau.

Es werden in Anlehnung an die Technologieroadmap von EPoSS drei ‚Generationen' smarter Systeme dargestellt. Vereinfacht gesagt, entspricht demnach die erste Generation smarter Systeme der höchstentwickelten Automations-, Steuerung- und Regelungstechnologie, wie wir sie heute vorfinden. Die zweite Generation smarter Systeme wird u. A. über wesentlich erweiterte Funktionen des maschinellen Lernens verfügen. Systeme der dritten Generation schließlich werden charakterisiert sein durch Wahrnehmungs-, Denk- und Handlungsleistungen, die sich immer weiter der menschlichen Leistungsfähigkeit annähern werden.

Gerade im Hinblick auf die dritte Generation smarter Systeme wird für den Teilbereich ‚Robotics & Factory Automation' eine besonders dynamische Entwicklung angenommen.

---

[3] http://www.smart-systems-integration.org.

[4] http://www.robotics-platform.eu.

[5] http://www.iec.ch/.

Abb. 3 Der bionische
Handling-Assistent von Festo
als ein Beispiel bionischer und
inhärent sicherer
Automatisierung

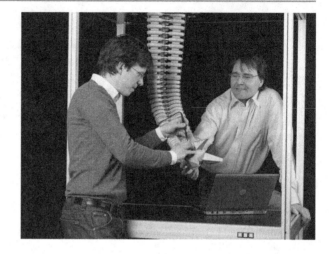

Auch die Robotik-Technologieplattform EUROP hat eine Technologieroadmap vorgelegt. Für die Industrie 4.0 sind dabei besonders die Funktionsbereiche ‚Cooperating Robots & Ambient Intelligence' und ‚Planning' von Interesse. Eigenschaften künftiger robotischer Systeme werden in diesen Funktionsbereichen u. A.: wie folgt beschrieben:

- Distributed control
- Inter-agent communication
- Application of swarm theories/swarm intelligence
- Skill based/learning based automation
- Autonomous planning for tasks of high dimensionality
- Interactive learning from human partners

Die Autoren identifizieren die Robotik als ein besonders relevantes und dynamisches
Technologiefeld und benennen als wichtige Aspekte kooperierende Roboter und Fragen
der ‚weichen Automatisierung' (z. B. inhärente Sicherheit durch weiche und flexible Aktuatoren – etwa ‚Elefantenrüssel' – robotischer Systeme).

Auch für Festo als Entwickler von Automatisierungslösungen sind diese Fragen von
zentraler Bedeutung. Der ‚Elefantenrüssel' als ein Element ‚weicher' Automatisierung findet seine konkrete Umsetzung im bionischen Handling-Assistenten von Festo[6] (Abb. 3).

Auch in anderer Hinsicht könnte die Bionik in Zukunft eine wichtige Rolle spielen
für die Entwicklung von robotischen Systemen mit ‚nahezu menschlichen' Fähigkeiten
der Wahrnehmung, Kognition und Motorik.

Aufbauend auf diesen Trendprognosen formulieren die Autoren Hypothesen hinsichtlich künftiger qualitativer (im Unterschied zu quantitativen) Qualifikationsbedarfe.

---

[6]http://www.festo.com/cms/de_corp/9655.htm.

Zunächst wird das Thema ‚Sicherheit' als Querschnittsqualifikation für viele Berufe und Hochschulqualifikationen im Produktionsbereich genannt. Man denke hier nur an die flexible Arbeitsteilung zwischen Mensch und kooperierendem Roboter: Wenn es keine festgelegten Arbeitsabläufe gibt, muss jede Situation im Arbeitsprozess selbst neu unter Sicherheitsaspekten beurteilt werden. Schutzzäune zwischen Menschen und Robotern wird es dann auch nicht mehr geben, es sind also neue Sicherheitskonzepte gefragt.

Weiterhin könne ein neuer dualer Ausbildungsberuf – im Hinblick auf die zunehmende Verschmelzung von Mechanik, Elektronik und Informatik in der Industrie 4.0 – der ‚Industrieinformatiker' sein. Zu klären sei hier die Beziehung zum bestehenden Berufsbild des Mechatronikers. Eine weitere Frage sei, ob – alternativ oder zusätzlich zum Ausbildungsberuf – ein Weiterbildungsberuf geschaffen werden könnte, auch als Weiterbildungsoption für Mechatroniker.

Als ein mögliches zukünftiges hochschulisches Bildungsangebot wird ‚Industrielle Kognitionswissenschaft' vorgeschlagen, etwa als Masterprogramm. Zentrale Inhalte könnten hier verteilte Sensor-/Aktornetze, Robotik, Wahrnehmung (z. B. 3D-Sehen) und Kognition (z. B. Handlungsplanung, Kooperation, Schwarmintelligenz) sein.

In ähnlicher Weise sei eine Spezialisierung in ‚Automationsbionik' denkbar, die sich ebenfalls auf Robotik beziehe mit Akzenten in der Aktorik (z. B. künstliche Muskeln, Gliedmaßen und Organe) und ebenfalls Aspekten der Wahrnehmung und Kognition aus einer eher biologischen Perspektive.

Der nächste Prozessschritt in Abb. 2 betrifft Organisationsszenarien. Hier diskutieren die Autoren genau die Fragen, die auch in diesem Beitrag weiter oben ausführlich angesprochen wurden: Zentrale versus dezentrale Organisation, Überwachung versus Ermächtigung des Menschen. Und auch die zentrale Aussage dieses Beitrags findet sich dort wieder: Technologische Entwicklungen wirken nicht deterministisch, wie ein ‚Naturgesetz' auf die Qualifikationsentwicklung. Diese Wirkung wird vielmehr durch die Organisationsszenarien entscheidend moduliert.

Um schließlich quantitative Aussagen zu Qualifikationsbedarfen treffen zu können, müssen unterschiedliche Branchen berücksichtigt werden. Die Veränderungen, die mit Industrie 4.0 einhergehen, werden sich sehr unterscheiden zwischen Unternehmen, die Automatisierungstechnologie entwickeln und herstellen, denen, die sie vornehmlich anwenden, und schließlich denen, die – wie Festo – sowohl als Hersteller wie als Anwender stark betroffen sein werden.

Zur Entwicklung solcher quantitativer Prognosen schlagen die Autoren Technologie-Branchen-Matrizen vor, die die oben umrissenen Abhängigkeiten abbilden. Sie müssen aber einräumen, das dies noch Zukunftsmusik ist: Eine solche Methodik wurde bisher noch nicht entwickelt. Hier besteht also noch erheblicher Forschungs- und Entwicklungsbedarf. Damit ist übergeleitet zum letzten Abschnitt, in dem neben einem Fazit auch ein Ausblick gegeben werden soll.

Fazit und Ausblick

Technik – speziell: Automatisierungstechnik – ‚an sich' ist weder ‚gut' noch ‚böse'. Welche Auswirkungen die technologischen Entwicklungen haben werden, hängt im Wesentlichen von Entscheidungen der Unternehmen ab. Diese Entscheidungen beziehen sich immer auch auf die Wahl zwischen zwei Wegen oder Szenarien. Im ersten Szenario bekommen die Mitarbeiter vor Ort Informationen und Kompetenzen. Im zweiten Szenario werden die Mitarbeiter immer perfekter in Prozessen überwacht und benötigen weder Kompetenzen noch Fähigkeiten. Beide Wege sind möglich, auf beiden Wegen kann in Deutschland wettbewerbsfähig produziert werden.

Festo hat allerdings – orientiert an seiner Unternehmensphilosophie und seinen Tätigkeitsfeldern – eine eigene Sicht auf die Industrie 4.0.

Nach dieser Sichtweise wachsen mit der Industrie 4.0 Mensch und Technik noch enger zusammen. Die Robotik der Zukunft interagiert mit dem Menschen und weicht ihm durch intelligente Sensorik aus. Durch wachsende Intelligenz stellen diese Maschinen eine immer geringere Gefahr im Umgang mit dem Menschen dar und unterstützen ihn darüber hinaus durch Entlastungen bei seiner täglichen Arbeit, zum Beispiel in der Montage. Der preisgekrönte Bionische Handling-Assistent oder die ExoHand, beide von Festo, sind heute schon Vorreiter dieser Entwicklung.

Die Technik wird intelligenter und adaptiver und ist zunehmend in der Lage, sich auf veränderliche Randbedingungen und auch auf Eingriffe des Menschen jederzeit einzustellen. Wir werden nicht überall vollautomatisierte Prozesse haben, stattdessen werden es veränderliche Prozesse sein, und hier ist die Möglichkeit des Menschen gefragt, direkt mit der Technik zu kommunizieren. Das heißt dass Technik den Menschen verstehen muss, wie auch der Mensch die Technik verstehen muss, und das möglichst auf eine intuitive Art und Weise.

In der Produktionswelt der Zukunft müssen Maschinen also in der Lage sein, sensorische Rückmeldungen eines Menschen zu verarbeiten – das kann bis hin zur Steuerung durch Gedanken gehen. Auf der anderen Seite müssen die Maschinen die Fähigkeit besitzen, ihren internen Zustand nutzerfreundlich zu visualisieren.

Durch mobile Endgeräte können Mitarbeiter individualisierte Informationen abrufen und werden so für wichtige Kerngrößen der Anlagen sensibilisiert. So können sie beispielsweise – wie oben am Beispiel ESIMA dargestellt – den Energieverbrauch kontinuierlich überwachen, bei Unregelmäßigkeiten sofort eingreifen und den Verbrauch somit optimieren.

Mit den steigenden Ansprüchen in der Informationstechnik muss auch das Knowhow der Mitarbeiter entsprechend wachsen. Eine Anpassung des Weiterbildungsangebotes ist die logische Konsequenz daraus. Technische Entwicklungsziele der Industrie 4.0 müssen zusammen mit der neuen Arbeitsorganisation und den neuen Qualifizierungsbedürfnissen abgestimmt sein. Exzellente Ressourcen für Forschung und Entwicklung sowie die Verfügbarkeit von Facharbeitern sind für die Zukunftsfähigkeit des Unternehmens notwendiger denn je.

Industrie 4.0 ist ein interdisziplinäres und komplexes Projekt, das ganzheitlich aus unterschiedlichen Perspektiven betrachtet werden muss. Neben der reinen Technologie sind bei der Aus- und Weiterbildung weitere Aspekte einzubeziehen, zum Beispiel die Frage, wie die Kommunikation zwischen Mensch und Maschine gestaltet werden kann. In vielen Bereichen müssen Fachkräfte daher anders aus- und weitergebildet werden. Fabrikplaner zum Beispiel benötigen auch Kenntnisse in der Informations- und der Produktionstechnologie; Techniker brauchen viel praktische mechatronische Erfahrung, damit sie auf höchstem Niveau sehr schnell den Stillstand einer Anlage beheben können. Zudem kommt es darauf an, dass Ingenieure und Softwareentwickler eng zusammenarbeiten, denn hinter den intelligenten Maschinen steckt natürlich immer eine sehr gute Software. Daher muss der Softwareentwicklung im Maschinenbau mehr Aufmerksamkeit geschenkt werden.

Um diese Herausforderungen zu meistern, benötigen wir das Know-how der Ingenieure. Ihre Innovationskraft wird zum entscheidenden Wettbewerbsfaktor werden – in Zukunft werden die Unternehmen erfolgreich sein, die über genügend ausgebildete Fachkräfte sowie exzellente Ressourcen für Forschung und Entwicklung verfügen. Es wird daher immer wichtiger, dass technische Fachkräfte ihre Karrieren interdisziplinär aufbauen. Einsteiger haben im Bereich der Industrie 4.0 ungeahnte Möglichkeiten, Alleinstellungsmerkmale zu entwickeln, die sie für den Arbeitsmarkt sehr attraktiv machen werden.

Die Aufgaben- und Kompetenzprofile der Mitarbeiter werden sich in der Industrie 4.0 stark verändern; diese Prognose möchte ich wagen, auch wenn diese Veränderungen im Einzelnen noch nicht bekannt sein können, auch weil sie von den oben besprochenen Entscheidungen über Zukunftsszenarien abhängen. Das macht adäquate Qualifizierungsstrategien und – neben der schon genannten formalen Weiterbildung – eine lernförderliche Arbeitsorganisation notwendig, die arbeitsintegriertes Lernen ermöglicht.

Forschungs- und Entwicklungsbedarfe im Bereich der Methoden der Qualifikationsvorausschau wurden schon angesprochen. Weitere Forschungs- und Entwicklungsbedarfe beziehen sich auf neue Formen des Lernens, implizit in der Arbeit oder auch vermittelt durch neue digitale Lerntechnologien, die durchaus auch direkt mit der Produktionstechnik verschmolzen sein können. Auch die technischen Visionen, die in diesem Beitrag hier und da anklangen, sind noch keine ‚Lösungen von der Stange‘, auch sie benötigen noch intensive Forschung und Entwicklung.

Neben Forschungs- und Entwicklungsprojekten werden für eine gute Gestaltung der Industrie 4.0 auch ‚Netzwerke guter Praxis‘ erforderlich sein, um die Breite der Industrie einzubeziehen.

Ob Forschung und Entwicklung oder Erfahrungsaustausch über gute Praxis – Festo wird sich mit seinen Kompetenzen und mit vollem Engagement daran beteiligen, weil uns das Thema Industrie 4.0 in allen seinen Facetten – Technik, Mensch und Organisation – sehr wichtig ist.

Literaturverzeichnis

Bey, I., Luczak, H., Hinz, S., & Quaas, W. (Hrsg.) (1995). *Experte Mitarbeiter – Strategien und Methoden einer mitarbeiterorientierten Gestaltung und Einführung rechnerintegrierter Produktion.* Köln: TÜV Rheinland.

Blum, U., & Hartmann, E. A. (1988). Facharbeiterorientierte CNC-Steuerungs- und -Vernetzungskonzepte. *Werkstatt und Betrieb, 121,* 441–445.

Hartmann, E. A., & Bovenschulte, M. (2013). Skills needs analysis for "Industry 4.0" based on roadmaps for smart systems. In International Labour Organization (ILO) & SKOLKOVO Moscow School of Management (Eds.) *Using technology foresights for identifying future skills needs. Global workshop proceedings.* Moscow: SKOLKOVO Moscow School of Management.

Promotorengruppe Kommunikation der Forschungsunion Wirtschaft – Wissenschaft (Hrsg.) (2013). *Deutschlands Zukunft als Produktionsstandort sichern – Umsetzungsempfehlungen für das Zukunftsprojekt Industrie 4.0. Abschlussbericht des Arbeitskreises Industrie 4.0.* Online: http://www.bmbf.de/pubRD/Umsetzungsempfehlungen_Industrie4_0.pdf

Sell, R., & Fuchs-Frohnhofen, P. (1993). *Gestaltung von Arbeit und Technik durch Beteiligungsqualifizierung.* Opladen: Westdeutscher Verlag.

Kollaboratives Arbeiten mit Robotern – Vision und realistische Perspektive

Michael Haag

Während in Deutschland der Begriff „Industrie 4.0" in aller Munde ist, proklamieren Erik Brynjolfsson und Andrew McAfee, zwei Wissenschaftler am Center for Digital Business am Massachusetts Institute of Technology (MIT), das „zweite Maschinenzeitalter" (The Second Machine Age) (Pearlstein 2014; Braunberger 2014). Demnach steigen die Rechenleistung, die Datenmenge und die Anzahl der Sensoren in unserer Welt derart, dass Rechner künftig in der Lage sind, (Gedanken-)Leistungen zu erbringen, die bislang dem Menschen vorbehalten sind und eher im Reich des Science-Fiction anzusiedeln waren. Was für die Verbraucher gut ist, da diese sehr individualisierte Produkte zu erschwinglichen Preisen erwarten können, wird gleichzeitig die Arbeits- und Wirtschaftswelt drastisch verändern. Als Beispiel nennen Brynjolfsson und McAfee die Internet-Plattform Instagram, die es Benutzern erlaubt, Fotos und Videos zu erstellen und mit anderen Nutzern zu teilen. Als das Unternehmen von Facebook für 1 Mrd. US$ übernommen wurde, beschäftigte es gerade einmal zwölf Mitarbeiter, während der traditionelle Foto-Hersteller Kodak in seinen besten Zeiten 150.000 Mitarbeiter zählte. Der wirtschaftliche Erfolg eines Unternehmens schlägt sich im digitalen Zeitalter somit nicht mehr automatisch auf gut bezahlte Arbeitsplätze nieder. Nach Brynjolfsson und McAfee wird es zwei Gruppen von Beschäftigten geben: diejenigen, die den Computern sagen, was sie tun sollen, und diejenigen, die umgekehrt Anweisungen von Computern befolgen.

Auf die industrielle Produktion bezogen, in der nicht nur Bits und Bytes virtuell hin- und hergeschoben werden, sondern Güter physisch bewegt und Produkte hergestellt werden, stellt sich die Frage, wie sich die Arbeitswelt für die Menschen verändern wird. Zwar werden Serienproduktionen zunehmend automatisiert, Maschinen und flexible Roboter sind auf dem Vormarsch. Dennoch waren nach den Erhebungen des Statistischen Bundesamtes in den Betrieben des Verarbeitenden Gewerbes mit 50 und mehr Beschäf-

M. Haag (✉)
KUKA Roboter GmbH, Zugspitzstr. 140, 86165 Augsburg, Germany
e-mail: MichaelHaag@Kuka-roboter.de

© The Author(s) 2015
A. Botthof, E.A. Hartmann (Hrsg.), *Zukunft der Arbeit in Industrie 4.0*,
DOI 10.1007/978-3-662-45915-7_6

59

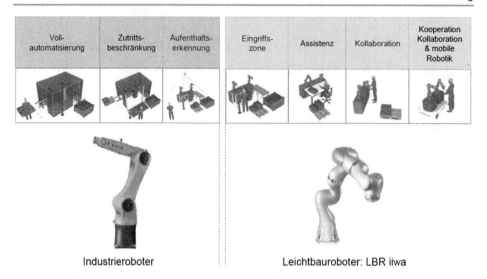

Abb. 1 Stufen der Mensch–Roboter Kooperation – von der Vollautomatisierung bis zur Kooperation. *Quelle*: KUKA

tigten Ende Februar 2014 knapp 5,3 Millionen Personen tätig. Deutschland liegt mit einer Roboterdichte in der industriellen Produktion von gut 270 Robotern pro 10.000 Beschäftigte auf Platz drei hinter Japan und Korea (Schwarzkopf 2014). Es ist aufgrund neuer technologischer Entwicklungen in der Robotik zu erwarten, dass mit einer zunehmenden Flexibilisierung der Produktion die Roboterdichte weiter zunehmen wird, da der Roboter die flexible Automatisierungskomponente schlechthin ist: Roboter können verschiedenste Prozesse und Aufgaben durchführen. Was der Roboter tut, ist letztlich nur eine Frage der Programmierung und der Werkzeuge.

Damit stellt sich auch in der roboterbasierten Automation die Frage nach dem Verhältnis zwischen Mensch und Maschine. Wird die eine Hälfte der Beschäftigten Roboter „programmieren" bzw. den Robotern zumindest Anweisungen geben und sie einlernen, während die andere Hälfte der Beschäftigten von Robotern Arbeitsanweisungen entgegennimmt und diese dann befolgt?

In der automatisierten Produktion lassen sich heute mehrere Stufen der Beziehung zwischen Mensch und Maschine unterscheiden (vgl. Abb. 1). In einer *vollautomatisierten Roboterzelle* ist der Roboter durch einen fest installierten Schutzzaun vom Menschen getrennt. Dieser Schutzzaun bleibt während der automatisierten Produktion geschlossen. Menschen befinden sich nicht innerhalb der Zelle. Eine wirkliche Zusammenarbeit zwischen Mensch und Roboter findet in dieser Phase nicht statt. Der Mensch kommuniziert über ein Bedienhandgerät oder eine feste Bedienstation mit der Robotersteuerung, zum Beispiel zum Auswerten von Diagnosedaten oder zur Beseitigung von Störungen. Außer während der Inbetriebnahme und Programmierung des Robotersystems und evtl. zur Beseitigung von Störungen findet keinerlei direkter Kontakt oder Zusammenarbeit zwischen Mensch und Robotersystem statt. Roboter und Mensch arbeiten jeweils autonom.

Anstatt mit einem festen Schutzzaun, können solche Zellen auch mit einer sicheren *Zutrittsbeschränkung* ausgestattet sein, beispielsweise durch Trittmatten oder Lichtgitter (virtueller Schutzzaun). In diesem Fall kann der Mensch zwar die Roboterzelle betreten oder in die Zelle hineingreifen, beispielsweise um Bauteile in den Robotergreifer einzulegen. Der Roboter wird in dieser Zeit jedoch sicher stillgesetzt. Von einer tatsächlichen Interaktion zwischen Mensch und Roboter kann man auch in diesem Fall nicht sprechen.

Eine dritte Variante bilden Roboterzellen, die zwar über gar keinen Schutzzaun verfügen, deren kompletter Arbeitsbereich jedoch mit sicheren Sensoren (beispielsweise an der Decke) überwacht wird, sodass *Aufenthalte* von Menschen im Gefahrenbereich des Roboters sicher detektiert werden. Dringt der Mensch in den Arbeitsraum des Roboters ein, wird dessen Geschwindigkeit in Abhängigkeit vom Abstand zwischen Mensch und Roboter sicher reduziert bis hin zum Stillstand. Auch hier findet ansonsten keine weitere Interaktion zwischen Mensch und Maschine statt.

All diese Szenarien stellen den Stand der Technik dar und werden bereits heute in roboterbasierten Produktionen eingesetzt. Sie basieren auf sicheren Sensoren, welche das Eindringen des Menschen in den Arbeitsbereich des Roboters sicher erkennen und den Roboter daraufhin sicher stillsetzen (oder zumindest dessen Arbeitsgeschwindigkeit sicher reduzieren). Beispiele für tatsächliche Interaktionen zwischen Mensch und Roboter findet man hingegen nur selten im praktischen Einsatz. Bei Industrierobotern liegt dies daran, dass diese in der Regel große Massen sehr schnell bewegen können und dass die dadurch auftretende hohe Energie im Kollisionsfall mit dem Menschen nicht schnell genug abgebaut werden könnte, um diesen beim Aufprall zu schützen. So wiegt ein typischer Industrieroboter durchaus eine Tonne und das Werkzeug, welches er bewegt, zum Beispiel 150 kg im Falle einer Punktschweißzange. Ein Mensch darf sich nur unter ganz bestimmten Voraussetzungen im Arbeitsbereich eines solchen Roboters aufhalten. So muss die Geschwindigkeit des Roboters auf 250 mm/s begrenzt sein (im Automatikmodus bewegt sich ein Roboter mit ca. 2 m/s) und der Mensch, der sich im Gefahrenbereich des Roboters befindet, muss während der gesamten Roboterbewegung einen Zustimmtaster betätigen. Wird dieser plötzlich losgelassen, bleibt der Roboter unverzüglich stehen. Dieser Modus wird beispielsweise während der Inbetriebnahme und Vor-Ort-Programmierung des Roboters gewählt, wenn sich der Roboterprogrammierer in der Roboterzelle aufhält. In speziellen Applikationen ist aber auch das Handführen des Roboters möglich. In diesem Fall befindet sich am Ende des Roboterarms ein sogenanntes Guiding-Device mit einem Zustimmtaster, mit dem der Bediener den Roboter in die gewünschte Richtung bewegen kann. So kann ein Roboter beispielsweise zur Handhabung großer und schwerer Bauteile verwendet werden.

Neben diesen klassischen Industrierobotern macht in letzter Zeit immer mehr eine neue Generation von Robotern von sich Reden, nämlich die der *sensitiven Roboter*. Sie sind kleiner und leichter als die klassischen Industrieroboter, haben weniger gefährliche Gehäusekanten, sind aber insbesondere auch mit integrierten, sicheren Sensoren ausgestattet, um gewollte oder ungewollte Berührungen mit der Außenwelt sicher detektieren zu können. Zu dieser Klasse der sensitiven Roboter zählt der neue KUKA Leichtbauroboter LBR

Abb. 2 Sichere
Kollisionserkennung. Der
KUKA LBR iiwa erkennt mit
Hilfe seiner sicheren internen
Gelenksensoren
Abweichungen zwischen
gewünschten Kontaktkräften
beim Einsetzen des Bauteils
und unerwünschten
Kontaktkräften bei Kollision
mit der Hand des Werkers.
Quelle: KUKA

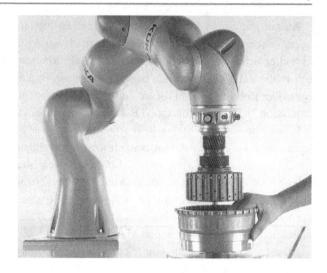

iiwa, der auf der Hannover Messe 2013 und der Automatica 2014 vorgestellt wurde, Europas größter Fachmesse für Robotik in München. Mit dem LBR iiwa sind vollkommen neue Interaktions- oder gar Kollaborationsmöglichkeiten zwischen Mensch und Roboter möglich.

Zunächst wird es damit Roboterzellen ohne Schutzzaun geben, in deren unmittelbarer Umgebung ständig Menschen arbeiten können („*Eingriffszonen*"). Im Gegensatz zu den oben genannten drei Beispielen ist hier das „Eindringen" des Menschen in den Arbeitsbereich des Roboters also nicht die Ausnahme, sondern die Regel. Auch ohne weitere sichere Sensoren in der Zellenumgebung würde der Roboter aufgrund seiner internen, sicheren Sensoren eine (unbeabsichtigte) Berührung mit dem Menschen sicher erkennen und sofort stehen bleiben (vgl. Abb. 2). Aufgrund der Außenstruktur des Roboters und seiner geringen Masse sind die Folgen einer Kollision mit dem Menschen sehr begrenzt und nicht größer, als wenn der Mensch mit einem anderen menschlichen Kollegen unbeabsichtigt zusammenstoßen würde. Eine Risikobewertung vor Inbetriebnahme der jeweiligen Anwendung ist jedoch auch in diesem Fall erforderlich. Diese wird u.a. sehr stark von dem am Roboter angebrachten Werkzeug abhängen. Ist am Roboter ein Werkzeug mit scharfen Kanten angebracht, so sind die zulässigen Geschwindigkeiten niedriger als bei einem Werkzeug mit abgerundeten Kanten.

Von solchen Roboterzellen mit Eingriffszonen, die einen unbeabsichtigten Kontakt erlauben, ist es nun nur noch ein kleiner Schritt zu *Assistenzrobotern*, bei denen durchaus ein Kontakt zwischen Mensch und Maschine in bestimmten Bearbeitungsschritten vorgesehen ist. Der Roboter assistiert dem Menschen beispielsweise wie eine dritte Hand, indem er dem Werker Teile anreicht, oder wie ein intelligentes Stativ, indem er sich samt Werkzeug vom Menschen in eine bestimmte Position bewegen lässt und diese dann hält. Der Mensch bewegt den Roboter dabei nicht über die Verfahrtasten eines Handbediengerätes, sondern über Gesten oder fasst ihn direkt an und bewegt ihn an die gewünschte Position (vgl. Abb. 3).

Abb. 3 Handführen des LBR
iiwa, um eine
Montage-Aufgabe einzulernen.
Quelle: KUKA

Die *Kollaboration* zwischen Mensch und Roboter bildet schließlich die „Königsdiszi-plin". Hier teilen sich Mensch und Maschine ständig einen gemeinsamen Arbeitsbereich und können sich auch ständig berühren. Mensch und Roboter arbeiten unmittelbar an ei-ner gemeinsamen Aufgabe. Teile der Aufgabe werden vom Menschen erledigt und andere Teile vom Roboter. So werden die komplementären Fähigkeiten von Mensch und Robo-ter optimal genutzt: Der Mensch hat überlegene Wahrnehmungsfähigkeiten, ist kreativ, verfügt über ein unübertroffen vielseitiges und feinfühliges „Greifsystem" (die menschli-che Hand), ist mobil und kann sich schließlich sehr schnell an neue Situationen anpassen. Der Roboter hingegen ist äußerst präzise, liefert immer eine gleichbleibend hohe Qualität, kann gefährliche Arbeiten durchführen und ermüdet auch bei sehr monotonen Tätigkeiten nicht.

In Zukunft sind noch *weitere Kollaborationsformen* denkbar, in denen Mensch und Ma-schine „auf Augenhöhe" zusammenarbeiten, was wiederum bedeutet, dass die Maschine neben den oben genannten integrierten Sicherheitseinrichtungen und Sensoren auch über eine gewisse Autonomie und damit über eine eigene Intelligenz verfügen muss. Der Ro-boter muss hierzu über ein Weltmodell verfügen (also eine stets aktuelle interne Repräsen-tation des Zustands seiner Umwelt) sowie über eine Wissensbasis, in der beispielsweise Informationen zu unterschiedlichen Fertigungsverfahren und Materialien hinterlegt sind. Auf Basis dieses Modellwissens muss der Roboter Schlussfolgerungen durchführen und in gewissen Grenzen auch neues Wissen erlernen können. Eine weitere Voraussetzung für die angesprochene Autonomie besteht darin, dass nicht nur der Mensch mobil ist, sondern auch der Roboter seinen Ort selbständig verändern kann.

Die dargestellten Stufen der Mensch–Roboter Kooperation lassen nicht vermuten, dass Roboter in absehbarer Zeit den Menschen Anweisungen geben werden. Bestenfalls wird durch den Roboter der Zeitpunkt eines manuellen Eingriffs festgelegt (zum Beispiel, wenn der Roboter eine Aufgabe erledigt hat und ein neues Bauteil manuell einzulegen ist, oder im Störungsfall). Dies ist in etwa vergleichbar mit den Anweisungen, welche der Fahrer eines Autos aus seinem Navigationssystem erhält, um sich in einer fremden Gegend zurechtzufinden. Es handelt sich hierbei also um ein Werkzeug des Menschen: Der Mensch verfolgt eine Absicht bzw. ein Ziel und bedient sich zur Zielerreichung eines geeigneten Hilfsmittels. Dass nun aber tatsächlich ein Roboter über eine eigene Problemlösekompetenz verfügt und sich der Mensch dieser Lösungsidee „unterordnet", ist höchstens im letztgenannten Fall denkbar, in welchem der Roboter über eine eigene Autonomie und über eine eigene Schlussfolgerungskompetenz verfügt, welche in Verbindung mit dem Zugriff auf riesige Datenmengen sowie weit verzweigte Sensornetzwerke in gewissen Grenzen als „Intelligenz" interpretiert werden kann. Aber selbst in diesem Fall verfolgt die Maschine keine eigene Absicht. Die Ursache dafür, dass die Maschine sich so verhält, wie sie sich verhält, ist letztlich doch durch den Menschen gegeben. Entweder durch den ursprünglichen Programmierer oder durch den momentanen Auftraggeber. Eine Maschine hat von sich heraus keine Eigenmotivation, um eine Handlungsfolge zu initiieren, sondern sie erfüllt letztlich eine vom Menschen gestellte Aufgabe und bleibt damit immer ein Werkzeug des Menschen. Die These von Brynjolfsson und McAfee, dass es eine Beschäftigtengruppe geben wird, die sich von einem Automaten sagen lassen muss, was zu tun ist, ist in der Produktion also nicht in Sicht.

Literaturverzeichnis

Pearlstein, S. (2014). Review: 'The second machine age', by Erik Brynjolfsson and Andrew McAfee. The Washington Post, 17.01.2014. http://www.washingtonpost.com/opinions/review-the-second-machine-age-by-erik-brynjolfsson-and-andrew-mcafee/2014/01/17/ace0611a-718c-11e3-8b3f-b1666705ca3b_story.html.

Braunberger, G. (2014). Macht der Maschinen. FAZ, 27.04.2014. http://www.faz.net/aktuell/wirtschaft/menschen-wirtschaft/digitale-revolution-macht-der-maschinen-12910372.html.

Schwarzkopf, P. (2014). Robotik und Automation vor großen Aufgaben. VDMA Pressemitteilung vom 19.05.2014. http://rua.vdma.org/article/-/articleview/3936490.

Gute Arbeit in der Industrie 4.0 – aus Sicht der Landtechnik

Max Reinecke

Ausgangslage in der Landwirtschaft

Qualifizierte und motivierte Mitarbeiter sind gerade in der Landwirtschaft ausschlaggebend für die Effizienz und Qualität der ausgeführten Prozesse. Dies hängt zum einen mit einer sehr dynamischen Umgebung zusammen, die immer wieder unterschiedlichste Randbedingungen vorweist. Zum anderen finden viele Prozesse außerhalb des Hofes und somit ohne den direkten Zugriff des Betriebsleiters statt. Daher haben die Mitarbeiter im Gegensatz zu Arbeitnehmern in anderen Branchen oftmals einen hohen Freiheitsgrad in der Entscheidung, wie ein Prozess durchzuführen ist. Dies setzt eine hohe Eigenverantwortung, Qualifikation und Erfahrung voraus.

Es zeigt sich aber, dass weltweit zu wenig qualifiziertes Personal vorhanden ist, um diesen Anforderungen gerecht zu werden. Dies hängt regional mit der Attraktivität von Städten und zeitlich mit den z. T. hohen Leistungsspitzen gerade in der Erntezeit zusammen.

Weiterhin werden landwirtschaftliche Prozesse immer anspruchsvoller und komplexer. Auflagen bzgl. Umweltschutz, Nachweispflichten aber auch Lieferantenbeziehungen zu den Abnehmern werden immer aufwendiger. Dies stellt auch immer höhere Anforderungen an die Mitarbeiter.

Daher ist es erforderlich zum einen geringer qualifiziertes Personal durch intelligente Systeme so unterstützen, so dass auch diese die Prozesse adäquat ausführen können. Zum anderen kann ein besser technisierter Arbeitsplatz für höher qualifizierte Mitarbeiter attraktiv sein.

M. Reinecke (✉)
CLAAS Selbstfahrende Erntemaschinen GmbH, CSE Entwicklung Systembasierte Dienstleistungen, Münsterstr. 33, 33428 Harsewinkel, Bundesrepublik Deutschland

© The Author(s) 2015
A. Botthof, E.A. Hartmann (Hrsg.), *Zukunft der Arbeit in Industrie 4.0*,
DOI 10.1007/978-3-662-45915-7_7

Eine effiziente Ausführung des Gesamtprozesses steht immer mehr im Vordergrund, da das Einsparpotenzial bzgl. Investitionen, Betriebsstoffen, Dünger, Pflanzenschutzmitteln usw. viel schwerer wiegt als Personalkosten. So fallen im Getreideernteprozess lediglich ca. 15 % auf die Personalkosten, die übrigen 85 % ergeben sich durch die Abschreibungen, Betriebsmittel und Reparaturen. Zudem korrelieren die erzielbaren Erlöse stark mit Qualität des geernteten Gutes. Hier können schon kleine Fehler in der Prozessdurchführung zu großen Einbußen führen. Erschwerend kommt hinzu, dass der Boden ein Gedächtnis hat. D. h. einmal gemachte Fehler fallen ggf. erst spät auf und können sich über Jahre auswirken.

Somit ist es für einen landwirtschaftlichen Unternehmer essentiell, dass die immer komplexer werdenden Prozesse qualifiziert und auch korrekt dokumentiert ausgeführt werden. Genau hier erscheint der Ansatz der Industrie 4.0 mit der Einführung von Verfahren der Selbstoptimierung, Selbstkonfiguration, Selbstdiagnose und Kognition sehr vielversprechend.

Paradigmen für eine erfolgreiche Implementierung von Industrie 4.0

Um die Chancen der vierten industriellen Revolution nicht zu verspielen, sind insbesondere in der Landtechnik verschiedene Paradigmen bewusst zu beachten und auch zu kommunizieren. Dies ist erforderlich, da der Mensch in dieser Veränderung eine wichtige Rolle spielt und diese nur mit den beteiligten Menschen gelingen kann und nicht gegen sie.

Zum einen muss bei Analyse, Entwurf und Implementierung von Industrie-4.0-Systemen der Mensch als wichtiger Prozessteilnehmer im Mittelpunkt der Betrachtung stehen. Nur wenn das System mit seiner hohen Komplexität und vielen Schnittstellen durch die beteiligten Menschen verstanden und bedient werden kann und die Menschen entlastet und befähigt werden bessere Prozessleistungen zu erzielen, ist eine Akzeptanz möglich. Als Beispiel sei hier ein autonomes Planungssystem für selbstfahrende Erntemaschinen genannt. Durch die höhere Vernetzung der Maschinen im Prozess stehen allen Prozessbeteiligten viel mehr Informationen zur Verfügung. Diese können z. T. automatisiert verarbeitet werden. Es wird aber immer wieder Situationen geben, in denen das autonome System an Grenzen stößt. Dann ist der Mensch einzubinden, um bspw. manuell zu steuern oder eine Entscheidung zu treffen, die das System alleine nicht treffen kann. Wenn dies nicht genau abgestimmt erfolgt und der Mensch nicht die passenden Informationen ausreichend schnell erhält wird das System scheitern.

Zweitens darf ein solches System nicht zur Überwachung genutzt werden und es darf auch nicht der Eindruck entstehen, dass es hierfür genutzt werden soll. Vielmehr muss der Vorteil der Vernetzung durch eine verbesserte Kooperation aller Prozessbeteiligter schon im Systemdesign berücksichtigt und auch klar kommuniziert werden. So sollte immer klar dargestellt werden, welche Daten zu welchem Zweck ausgetauscht werden und auch nur Daten versandt werden, die der Steigerung der Prozessleistung und Qualität dienen. Weiterhin sollte möglichst Gleichberechtigung bzgl. Anzeige von Prozesszuständen gegeben sein, d. h. derjenige Prozesspartner, der Daten bereitstellt, kann auch die Daten der anderen Partner einsehen. So kann vermieden werden, dass sich Mitarbeiter beobachtet fühlen und so ggf. versuchen „Überwachungsfunktionen" zu sabotieren und dadurch wichtige Informationen, die zur Prozesssteuerung benötigt werden, nicht vorliegen.

Drittens muss klar dargestellt werden, dass Industrie 4.0 nicht das Weg-Rationalisieren von Mitarbeitern bedeutet. Vielmehr muss klar sein, dass durch den unten aufgeführten Nutzen Wettbewerbsvorteile und Effizienzpotenziale gehoben werden können. Dies führt zum einen zu einer besseren Wettbewerbsposition, zum anderen aber auch dazu, dass Mitarbeiter besser qualifiziert werden müssen, um die Systeme zu betreuen. Dies führt zu einer engeren Bindung zwischen Mitarbeiter und Unternehmen.

Möglicher Nutzen

Werden die oben genannten Paradigmen bei der Implementierung der Industrie 4.0 in der Landwirtschaft beachtet, so ergibt sich ein vielfältiger Nutzen. Ganz allgemein kann davon ausgegangen werden, dass der Mensch bei seiner Arbeit unterstützt wird und die Qualität der Arbeit steigt.

Die Mitarbeiter erhalten mehr Überblick über den Gesamtprozess, sie verstehen besser, warum sie etwas tun, und warum es wichtig ist, den Prozess wie vorgesehen auszuführen. Sie erhalten mehr Verantwortung. Die Mitarbeiter sind stolz auf ihre Arbeit und führen diese mit einem hohen Qualitätsbewusstsein aus.

Gleichzeitig stellen die neuen Systeme sicher, dass die Mitarbeiter mit dieser erhöhten Verantwortung umgehen können, indem sie Informationen kontextsensitiv aufbereiten und damit so Verfügung stellen, dass der Mitarbeiter nur die Informationen erhält, die er in der gegebenen Situation benötigt.

Die Zusammenarbeit und insbesondere der Erfahrungsaustausch zwischen den Mitarbeitern werden gefördert. So können bspw. Einstellparameter von Maschinen, die auf dem gleichen Schlag arbeiten ausgetauscht werden. Hierbei können unerfahrenere Mitarbeiter direkt und aufwandsarm von „alten Hasen" lernen.

Wie von vorhandenen Automatisierungssystemen bereits bekannt, fallen lästige und monotone Routinearbeiten weg. Hierdurch werden Prozesse wiederholbarer und können exakter durchgeführt werden. Ein bekanntes Beispiel aus der Landtechnik ist die GPS-gestützte Lenkung, die inzwischen einen hohen Verbreitungsgrad hat. Dies kann durch den Ansatz der Industrie 4.0 noch verstärkt werden.

Komplexe und kontinuierlich notwendige Entscheidungen, insbesondere wenn eine Vielzahl von Parametern zu beachten ist, können weitgehend automatisiert getroffen werden und der Nutzer gibt lediglich Präferenzen vor. Als Beispiel sei hier die automatische Einstellung von Mähdreschern mit CEMOS Automatik genannt.

Dadurch dass der Maschinenbediener von sich wiederholenden Tätigkeiten entlastet wird, kann er sich auf wichtige Situationen konzentrieren. So können Fehler vermieden werden, da diskontinuierlich die höchste Aufmerksamkeit verlangt werden kann.

Auch können Unfälle vermieden werden, zum einen da der Fahrer sich auf bestimmte Prozessteile konzentrieren kann, zum anderen weil wichtige Informationen gefiltert und aufbereitet zur Verfügung gestellt werden können. Dies kann bspw. auch über Prozessbeteiligte hinweg erfolgen. So gibt es im Automobilbereich Ansätze zur Unfallstellenwarnung mit Car2Car-Kommunikation.

Weitere Schritte

Die Systeme einer Industrie 4.0 sind komplexer als die bisher vorhandenen Systeme. Diesem Umstand müssen die begleitenden Prozesse und beteiligten Personen Rechnung tragen.

So müssen Mitarbeiter sowohl beim Endkunden als auch bei den Händlern, und dem Hersteller entsprechend qualifiziert werden. Nur so kann das System gewinnbringend eingesetzt werden. Es ergeben sich dabei auch neue Dienstleistungen, die der Hersteller zur Einführung und Betrieb anbieten kann. Dies sind bspw. Schulungen, Fernüberwachungen des Systems bzgl. Stabilität aber auch maximalem Einsatz. So ist es denkbar, dass der Hersteller proaktiv den Endkunden im laufenden Betrieb Vorschläge zum besseren Einsatz des Systems gibt. Damit ergibt sich eine große Chance, dass der Hersteller näher bei den Kunden ist, die Anforderungen besser versteht, maßgeschneiderte Produkte anbieten kann und so die Kunden besser an sich bindet.

Steigerung des Autonomiegrades von autonomen Transportrobotern im Bereich der Intralogistik – technische Entwicklungen und Implikationen für die Arbeitswelt 4.0

Joachim Tödter, Volker Viereck, Tino Krüger-Basjmeleh und Thomas Wittmann

Einleitung

Das Konzept der ‚Industrie 4.0' (Promotorengruppe 2013) basiert auf neuen, Mechanik, Elektronik und Informatik integrierenden Technologien für hauptsächlich industrielle Anwendungen. Neben der Produktionstechnik im engeren Sinne ist die Produktionslogistik – oder genereller: die Intralogistik – eines der zentralen Anwendungsfelder.

In diesem Beitrag werden zunächst aktuelle technische Entwicklungen aus der Perspektive von STILL dargestellt. Es folgen einige Überlegungen zu möglichen Folgen dieser Entwicklungen für Unternehmen und Arbeitswelt.

STILL bietet maßgefertigte innerbetriebliche Logistiklösungen weltweit und realisiert das intelligente Zusammenspiel von Gabelstaplern und Lagertechnik, Software, Dienstleistungen und Service. Mit über 7.000 Mitarbeitern, vier Produktionsstätten, 14 Niederlassungen in Deutschland, 20 Tochtergesellschaften im Ausland, sowie einem weltweiten Händlernetz ist STILL erfolgreich international tätig. Mit höchster Qualität, Zuverlässigkeit und innovativer Technik, erfüllt STILL heute und in Zukunft die Anforderungen kleiner, mittlerer und großer Unternehmen.

Herausforderung des Marktes

Aufgrund der gestiegenen Komplexität und Dynamik der Einsatzgebiete spielen Flexibilität und Wandelbarkeit in der Logistik eine immer wichtigere Rolle. Darüber hinaus nimmt auch die Bedeutung von Automatisierungen der innerbetrieblichen Logistikprozesse rasant

J. Tödter · V. Viereck (✉) · T. Krüger-Basjmeleh · T. Wittmann
Vorentwicklung/Advance Development (EVE), STILL GmbH, Berzeliusstraße 10,
22113 Hamburg, Deutschland
e-mail: Volker.Viereck@still.de

© The Author(s) 2015
A. Botthof, E.A. Hartmann (Hrsg.), *Zukunft der Arbeit in Industrie 4.0*,
DOI 10.1007/978-3-662-45915-7_8

69

zu. Bedingt durch die kontinuierlich wachsenden Anforderungen rückt die Teil- oder Voll-automatisierung von diversen Lagervorgängen oder der internen Produktionsversorgung immer mehr in den Fokus. Ein Ende dieses Trends ist nicht abzusehen. Gerade kleine und mittelständische Unternehmen interessieren sich mehr und mehr für die Automatisierung von Lager- bzw. Transportabläufen.

Eine hohe Komplexität hinsichtlich der Planung und Auslegung, Ersteinrichtung und Anpassung heutiger Automatisierungslösungen erfordert jedoch jeweils den Einsatz von Spezialisten, was zu hohen und schwer kalkulierbaren Kosten für Beschaffung, Wartung und Anpassung führt, so dass die Implementierung einer solchen Automatisierungslösung dann oft nicht stattfindet.

Lösungsansatz

Um die notwendige Verringerung der Komplexität und damit eine Verringerung der Kosten für Ersteinrichtung und Anpassung einer Automatisierungslösung zu erreichen, entwickelt STILL seit einiger Zeit Automatisierungslösungen, die es dem Anwender erlauben, fah-rerlose Transportsysteme selbstständig in Betrieb zu nehmen, zu betreuen und an Verände-rungen der Logistikprozesse anzupassen. Richtungweisend für die Entwicklung ist dabei die Beachtung folgender Eckpunkte:

- Erhebliche Vereinfachung der Nutzung
- Deutliche Senkung von Konfigurationsaufwand und -komplexität
- Spürbare Erhöhung der Eigenintelligenz der Transportfahrzeuge
- Erhebliche Steigerung des Autonomiegrades der Fahrzeuge zur eigenständigen Anpas-sung der Fahrzeugreaktionen an Umgebungsveränderungen

Das folgende Kapitel zeigt im Rahmen des Forschungsprojekts „marion"[1] entwickelte autonome STILL-Transportroboter, deren Fähigkeiten insbesondere in Bereich der Umge-bungswahrnehmung und entsprechender eigenständiger Verhaltensanpassung liegen.

STILL Forschungsaktivitäten im Bereich Robotik und Automatisierung

Mit dem Ziel, weitreichende zukunftsorientierte Lösungen für die genannten Eckpunkte zu entwickeln, engagiert sich STILL seit einigen Jahren im Bereich der Forschung zu mobiler Robotik und arbeitet hier intensiv mit verschiedenen Instituten und Universitäten zusammen.

Beispielhaft sei an dieser Stelle das Forschungsprojekt marion – „Mobile autonome, kooperative Roboter in komplexen Wertschöpfungsketten" – genannt.

---

[1] http://www.projekt-marion.de.

Abb. 1 Zielszenario: STILL CX-T autonom und STILL FM-X autonom kooperieren für eine vollautonome Be- und Entladung von Routenzugtrailern

Dieses vom Bundesministerium für Wirtschaft und Energie (BMWi) geförderte Verbundprojekt hat die Automatisierung der Arbeitsprozesse mit autonomen Fahrzeugen unter besonderer Berücksichtigung der Kooperation der beteiligten Maschinen zum Ziel. Marion wird unter Beteiligung der Partner CLAAS, Atos, DFKI und STILL vom 01.08.2010 bis 30.11.2013 durchgeführt.

Die im Projekt marion im Anwendungsfall Intralogistik erzielten Ergebnisse sollen im Folgenden anhand einer beispielhaft realisierten vollautomatischen Be- und Entladung von Routenzügen verdeutlicht werden, die sowohl bei automatisierten, wie auch manuell geführten Routenzügen zur Anwendung kommen kann (Abb. 1).

Das entwickelte System ermöglicht einen flexiblen Einsatz von Transportrobotern auch in Prozessen, die einem ständigen Wandel unterliegen. Hierfür wurde ein grafisches Konfigurationstool entwickelt, das den Nutzer befähigt, einzusetzende autonome Transportroboter mit geringstem Aufwand selbst in Betrieb zu nehmen oder deren Einsatz nach Bedarf anzupassen (Abb. 2).

Dabei beschränken sich die vorzugebenden Informationen im Wesentlichen auf Fahrwege und Interaktionsbereiche, die der Nutzer für die Nutzung durch die Transportroboter freigeben möchte. Kurvenfahrten oder Manöver bspw. zur Anfahrt von Palettenstellplätzen werden dabei von den Robotern selbst berechnet und müssen nicht definiert werden.

Das dazu im marion-Projekt entwickelte dynamische Planungssystem ermöglicht es, unter den aktuellen Platzverhältnissen und Umgebungsbedingungen entsprechend optimale Fahrwege zu bestimmen, die anschließend von den Transportrobotern abgefahren werden können und eine gleichbleibend hohe Transportleistung gewährleisten. Für eine breite Akzeptanz von autonomen Fahrzeugen, die im gemeinsamen Arbeitsbereich mit dem Menschen eingesetzt werden, ist es zudem unerlässlich, dass die Fahrbewegungen

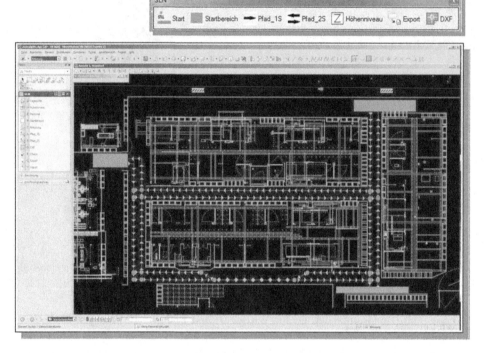

Abb. 2 Konfigurationstool zur intuitiven Einrichtung des Arbeitsbereichs der autonomen Transportroboter

der Transportroboter zusätzlich ästhetischen Anforderungen genügen, so dass der Mitarbeiter vor Ort Vertrauen in die mit ihm eingesetzten Robotersysteme gewinnt.

Im Szenario der vollautonome Be- und Entladung von Routenzügen kommen zwei autonome STILL-Fahrzeuge zum Einsatz. Dabei handelt es sich um das Schleppfahrzeug „STILL CX-T autonom", das mit mehreren Anhängern ausgestattet im Routenbetrieb läuft, und den autonomen Schubmaststapler „STILL FM-X autonom", der für die Be- und Entladung der Schleppzuganhänger eingesetzt wird. Die Fahrzeuge orientieren sich mit Hilfe eines 3D-Laserscanners an ihrer natürlichen Umgebung und benötigen so keine künstlichen Landmarken zur Navigation. Sie kommunizieren auf direktem Weg miteinander, tauschen benötigte Informationen aus oder delegieren Subaufträge an ein anderes Fahrzeug. Diese Funktionalität nutzt das Schleppzugfahrzeug, wenn es etwa den Auftrag bekommt, einen Ladungsträger zu einem konkreten Zielort zu transportieren. Es erfragt dazu in der Fahrzeugflotte geeignete zur Verfügung stehende Fahrzeuge und vergibt anschließend einen entsprechenden Subauftrag an das am besten geeignete Fahrzeug.

Schon während der Fahrt zum Entladeort vermisst und überwacht der Schleppzug „CXT-autonom" per Szenenanalyse die Position seiner Anhänger und publiziert diese auch dem Entladefahrzeug „FM-X autonom". Sobald beide Fahrzeuge den Zielort erreicht haben, plant das Entladefahrzeug einen kostenoptimalen Fahrweg zum zu entladenden An-

Abb. 3 Umsetzung einer selbstorganisierten multi-roboter-Kooperation; Hier Abschlussmeilenstein Forschungsprojekt „marion"

hänger und berücksichtigt dabei auch die aktuelle in 2D und 3D erfasste Umgebungs- und Hindernissituation. Der Trailer wird entladen, wobei sich das Entladefahrzeug permanent an seinem Ziel, dem Trailer bzw. der aufzunehmenden Palette, orientiert und so in der Lage ist, bestehende Resttoleranzen auszugleichen.

Wurde die Palette entladen, gehen beide Fahrzeuge erhaltenen Folgeaufträgen nach; sofern erforderlich, werden sie erneut zur Erfüllung ihnen gestellter Aufgaben eigenständig in Kooperation treten (Abb. 3).

Mögliche Konsequenzen für die Arbeitswelt

Die oben beschriebenen Entwicklungen werden die Intralogistik erheblich verändern. Dies wird auch Auswirkungen auf die Arbeitswelt haben, im Hinblick auf Beschäftigung, Arbeitsbedingungen und Qualifikationsanforderungen.

Autonom fahrende Flurförderzeuge – Transportroboter – haben zunächst wie alle Automatisierungstechnologien unmittelbare Auswirkungen auf die Beschäftigten, deren Arbeitstätigkeiten mit zunehmendem Maß auch durch automatisierte Systeme erbracht werden können.

Einer daraus resultierenden möglichen Reduzierung des Bedarfs an Fahrern für manuell gesteuerte Transportfahrzeuge (‚Einfacharbeit' – Hirsch-Kreinsen et al. 2012) steht ein zunehmender Bedarf an entsprechend höher qualifizierten Mitarbeitern gegenüber, die in der Lage sind, derartige Systeme einzurichten, zu betreuen und zu warten. Es ergeben sich folglich eher anspruchsvolle Qualifikationsanforderungen.

Ein naheliegender und wünschenswerter Ansatz würde darin bestehen, Mitarbeiter der Intralogistik für neue, anspruchsvolle Aufgaben weiterzubilden. Dies setzt allerdings ein erhebliches Umdenken in den Unternehmen voraus: Geringqualifizierte gehören traditionell zu den Beschäftigtengruppen, die von betrieblicher Weiterbildung am wenigsten erreicht werden. Hier sind auch neue Wege der Unterstützung gerade von kleinen und mittleren Betrieben in der Weiterbildung ihrer Beschäftigten gefragt (z. B. Jäger und Kohl 2009).

Daher ist es wichtig, durch die Gestaltung der technischen Systeme darauf hinzuwirken, dass die Qualifizierungsbedarfe auf das Notwendige beschränkt bleiben. Hier spielt die intuitive Gestaltung von Mensch–Maschine-Schnittstellen, wie sie oben am Beispiel des Projekts marion beschrieben wurde, eine zentrale Rolle.

Wie die Arbeitsbedingungen und die Qualifikationsbedarfe in der Intralogistik letztlich aussehen werden, hängt von betrieblichen Organisationsparadigmen ab.[2] So ist es etwa denkbar, dass Logistikaufgaben kombiniert werden mit Aufgaben im Bereich Wartung und Instandhaltung. Auch eine Integration der Logistikaufgaben – teilweise oder vollständig – in Produktionsteams ist möglich. Je nach einzelbetrieblicher Umsetzung solcher organisationsbezogenen Entscheidungen entstehen ganz unterschiedliche Profile hinsichtlich Arbeitsbedingungen und Qualifikationsbedarf.

Im Hinblick auf zukünftige Entwicklungen im Kontext des demografischen Wandels sei schließlich darauf hingewiesen, dass die oben besprochenen Rationalisierungseffekte – im Sinne einer Ersetzung menschlicher Arbeitskraft – auch aus gesellschaftlicher Perspektive eine durchaus positive Bedeutung haben können: Rationalisierung hilft dabei, auch in Zeiten schlechter Verfügbarkeit von Erwerbspersonen wettbewerbsfähig produzieren und Waren umschlagen zu können.

Auch generell sind Chancen durch zunehmende Automatisierung der Logistik zu erkennen. Große Logistikunternehmen müssen u.a. aufgrund hoher Immobilienkosten bereits häufig in weniger dicht besiedelte Regionen ausweichen. Dies bringt oftmals das Problem mit sich, nicht die benötigte Qualität und Quantität von Mitarbeitern finden zu können, so dass attraktive Automatisierungslösungen dringend benötigt werden.

Fazit und Ausblick

Es bestehen Bedarfe nach einer weiteren Steigerung des Automatisierungsgrades in der Logistik, dies betrifft insbesondere den Mittelstand.

Vor diesem Hintergrund ist es wichtig, dass Automatisierungslösungen so flexibel werden, dass der Betreiber selbst sie vollständig beherrschen, einrichten und an Veränderungen anpassen kann.

Neben der hier beschriebenen weitgehenden Automatisierung durch Transportroboter nimmt auch der Bedarf nach Assistenzfunktionen für manuell betriebene Transportfahrzeuge zu. Wichtige Ziele sind dabei Fahrerentlastung und Performancesteigerung.

---

[2]Mehr dazu in den Beiträgen von Ernst Hartmann und Bernd Kärcher in diesem Band.

Chancen unterstützender Assistenzsysteme für manuell betriebene Transportfahrzeuge bestehen darin, dass auch ungeübte oder geringfügig eingearbeitete Mitarbeiter hohe Performancewerte erreichen und die Mitarbeiter sich auf ihre Haupttätigkeiten konzentrieren können. Weiterhin wird die körperliche Beanspruchung reduziert, was den Anforderungen des demografischen Wandels gerecht wird.

Darüber hinaus gehende autonome Fähigkeiten der Transportfahrzeuge, wie sie in diesem Beitrag am Beispiel des Projekts marion dargestellt wurden, bieten weitere Chancen. So lösen etwa die Transportfahrzeuge ihnen gestellte Aufgaben bei einer drastisch reduzierten Menge an Konfigurationsdaten; fehlende Konfigurationsinformationen werden durch intelligente Algorithmen auf den Fahrzeugen selbst ausgeglichen. Aufwand und Kosten der Inbetriebnahme und notwendiger Anpassungen an Prozessveränderungen werden minimiert. Es ist kein externes Experten-Knowhow zur Inbetriebnahme mehr notwendig; die Systeme sind durch den Anwender vollständig beherrschbar, womit eine stärkere Unabhängigkeit des Anwenders vom Hersteller einhergeht.

Herausforderungen stellen sich im Hinblick auf zukünftige Beschäftigungsmöglichkeiten derjenigen Mitarbeiter, deren bisherige Arbeitstätigkeiten durch automatisierte Systeme ersetzt werden. Hier kommt der Weiterbildung und dem lebenslangen Lernen besondere Bedeutung zu. Gerade kleine und mittlere Unternehmen benötigen für die Bewältigung dieser Herausforderungen auch externe Unterstützung.

Die demographische Entwicklung einbeziehend kann – auf der anderen Seite – eine hochflexible Automatisierung vielfältiger Warenumschlagprozesse als Chance oder sogar als entscheidende Voraussetzung für die notwendige Veränderung heutiger Prozesse betrachtet werden.

Literaturverzeichnis

Hirsch-Kreinsen, H., Ittermann, P., & Abel, J. (2012). Industrielle Einfacharbeit: Kern eines sektoralen Produktions- und Arbeitssystems. *Industrielle Beziehungen, 19*(2), 187–210.

Jäger, A., & Kohl, M. (2009). Qualifizierung An- und Ungelernter – Ergebnisse einer explorativen Analyse zum aktuellen betrieblichen Bedarf, zukünftigen Qualifikationsanforderungen und Präventionsansätzen der Bundesagentur für Arbeit, bwp@ Berufs- und Wirtschaftspädagogik – online, Profil 2 – Akzentsetzungen in der Berufs- und Wirtschaftspädagogik, online: http://www.bwpat.de/profil2/jaeger_kohl_profil2.shtml.

Promotorengruppe Kommunikation der Forschungsunion Wirtschaft – Wissenschaft (Hrsg.) (2013). *Deutschlands Zukunft als Produktionsstandort sichern – Umsetzungsempfehlungen für das Zukunftsprojekt Industrie 4.0.*

Die Rolle von lernenden Fabriken für Industrie 4.0

A. Kampker, C. Deutskens und A. Marks

Die Elektromobilität entwickelt sich momentan zu einer ernst zunehmenden Alternative zur herkömmlichen Fortbewegung durch Verbrennungsmotoren. Die Megatrends in der Gesellschaft – wie bspw. Neo-Ökologie und Mobilität – führen dazu, dass die Menschheit ihre Art sich fortzubewegen überdenkt. Sinkende Emissionsgrenzwerte und steigende Treibstoffpreise sind Beispiele aus dem Alltag, welche den Stellenwert der Elektromobilität erhöhen. Der Durchbruch auf dem Massenmarkt wird jedoch erst dann gelingen, wenn das Dilemma aus hohen Anschaffungskosten bei niedrigen Reichweiten aufgelöst werden kann. Sie lässt sich in diesem Zusammenhang als disruptive Innovation deklarieren. Aktuell weißt die Elektromobilität Eigenschaften einer disruptiven Innovation auf. Gemäß Christensen unterscheidet sie sich gegenüber erhaltenden Technologien vor allem im Hinblick auf das Wertesystem. Erhaltende Entwicklungen von Technologien finden in den Grenzen des bestehenden Wertesystems statt, also entlang der Dimensionen, die von den Kunden des Massenmarktes historisch zur Bewertung des Produktes herangezogen werden. Disruptive Technologien jedoch kennzeichnen sich durch die langfristige Veränderung des bestehenden Wertesystems. Während disruptive Technologien in der kurzen Frist zu einer Verschlechterung der Produkte verglichen mit den Produkten des Massenmarktes führen, sprechen sie durch spezielle Eigenschaften (neue Werte) Konsumenten in bestimmten Nischen an Christensen (1997). Sie können in den Nischenmärkten erfolgreich existieren, da deren Besetzung für die vorhandenen Marktmächte aufgrund des kleinen Volumens nicht interessant ist. Durch die dortige Marktbeteiligung gewinnt die Elektromobilität an Bedeutung, darüber hinaus werden dort wertvolle Erfahrungen gesammelt. Diese

A. Kampker (✉)
StreetScooter GmbH, Jülicher Straße 191, 52070 Aachen, Deutschland
e-mail: A.Kampker@wzl.rwth-aachen.de

C. Deutskens · A. Marks
RWTH Aachen, WZL, Steinbachstr. 19, 52074 Aachen, Deutschland

© The Author(s) 2015
A. Botthof, E.A. Hartmann (Hrsg.), *Zukunft der Arbeit in Industrie 4.0*,
DOI 10.1007/978-3-662-45915-7_9

müssen genutzt werden, um die Technologie weiter zu entwickeln und dadurch bestehende Hemmnisse abzubauen, um sich damit den aktuellen Anforderungen des breiten Marktes anzunähern und diesen dann nachhaltig zu verändern.

Maximierung des Return on Engineering

Die technologische Reife der Elektromobilität ist Stand heute noch als sehr gering einzustufen, was neben der erwähnten Nischenanwendung kaum einen weiteren Absatzmarkt zulässt. Der durch Leistungsmerkmale begrenzte Nischenmarkt zeichnet sich durch eine hohe Individualität bei gleichzeitig niedrigen Stückzahlen und damit einer enormen Kostenherausforderung aus. Abbildung 1 stellt dies in den Dimensionen Kosten über Stückzahl exemplarisch dar. Die Marktlücke der kundenindividuellen und wirtschaftlichen Produktion wird aktuell nur durch automobile Kleinserien in Nischenmärkten, wie zum Beispiel Flottengeschäfte, möglich sein. Doch auch dann müssen die Anfangsinvestitionen gering gehalten werden und die Entwicklungsaufwände (in Zeit und Geld) begrenzt sein. Es wird damit der Ansatz verfolgt, die Vorteile des erhöhten Kundenwertes der Differenzierungsstrategie mit dem Vorteil der wirtschaftlichen Produktion der Kostenführerschaft zu vereinen. Zielgröße ist dabei der Return on Engineering (ROE), der den bereits erwähnten Quotienten aus erzieltem Nutzen zu investiertem Aufwand in allen Aktivitäten der Entwicklung und Produktion darstellt.

Insbesondere die kürzer werdenden Nachfragezyklen führen zu der Herausforderung, die Zeitspanne vom Startpunkt der Entwicklung bis zur Auslieferung des Fahrzeugs entsprechend zu minimieren. Hierfür sind entsprechende Kommunikationsinstrumente zu wählen und Prozesse zu definieren, durch welche Entwicklungsphasen parallel ablaufen können. Darüber hinaus sind möglichst modulare Produktstrukturen anzustreben, um durch eine geringe interne Varianz eine breite externe Varianz darstellen zu können, ohne einen großen Mehraufwand für Neuentwicklungen. Darüber hinaus muss es möglich sein, innerhalb kürzester Zeit den Produktionsanlauf zu bewältigen, was nur durch eine hohe

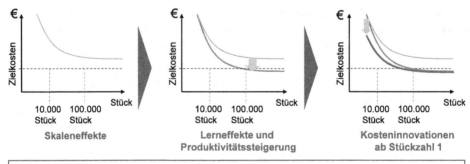

Abb. 1 Return on Engineering

Flexibilität innerhalb der Montage erreicht werden kann. Daher liegt der anzustrebende Zielzustand bei der Hälfte des Zeitaufwands im Vergleich zu herkömmlichen Entwicklungszyklen aus der Automobilindustrie.

Über die verkürzte zeitliche Kapazität hinaus ist es – wie bereits erwähnt – notwendig, die Produktion und damit die hierfür notwendigen Investitionskosten entsprechend der Anforderungen und zu erwartenden Stückzahlen zu optimieren. Grundsätzlich neigt man in Hochlohnländern dazu, Flexibilität durch außerordentlich teure, hoch automatisierte Arbeitssysteme abzubilden, wobei diese dann auf hohe Stückzahlen ausgelegt sind. Die unsichere Stückzahlentwicklung sowie die beschriebene, gravierende Veränderung von Montagegegenstand und -Ablauf führen zu dem Bedarf nach einem skalierbaren, intelligenten Produktionssystem. Hierbei ist für die Investition in die Produktionsstruktur sowie den Anlauf als Zielwert ein Zehntel der konventionellen Ausgaben anzustreben.

Die lernende Fabrik als Befähiger

Die Elektromobilität und ihre starke technologische Weiterentwicklung erfordert Strukturen, die eine Einhaltung des eben beschriebenen Zielzustands ermöglichen. In der Struktur der Unternehmung ist ein technologisch gestützter, iterativer Verbesserungsprozess vorzusehen, um Weiterentwicklungen des Produkts zu ermöglichen, ohne die damit zusammenhängenden Kosten zu sprengen. Ferner ist ein Umfeld notwendig, welches die Anpassung von Mitarbeiter und Infrastruktur an die ständigen Veränderungen von Produkt und Prozess sowie dem Trend zu mehr Individualität in kürzerer Zeit ermöglicht.

Der bereits erwähnte Verbesserungsprozess lässt sich nur durch ein *selbstoptimierendes, lernendes Produktionssystem* durchlaufen. Das System und all seine Elemente müssen in der Lage sein, ihre Ziele bei veränderten Einflüssen anpassen zu können. Hierbei muss permanent ein dreistufiger Prozess der Selbstoptimierung durchlaufen werden. Der Analyse der Ist-Situation muss die Bestimmung der Ziele in Form von Auswahl, Anpassung oder Generierung eben dieser folgen. Abhängig davon sind in einem letzten Schritt entsprechende Anpassungen von Parametern, Strukturen oder des Verhaltens durchzuführen (Adelt et al. 2009). Im Hinblick auf die Entwicklungen im Rahmen der vierten industriellen Revolution, wird eine noch effizientere Nutzung durch ebendiese zunehmende Vernetzung in der Industrie möglich werden. Noch differenziertere, zeitaktuellere Daten werden durch die dezentrale, bedarfsgerechte Informationsbereitstellung in der lernenden Fabrik schnellere und zielgerichtete Optimierungen zulassen. Das lernende Produktionssystem ist daher als ein großer Profiteur der Industrie 4.0 anzusehen (Abb. 2).

Eine selbstständige Verbesserung und die daraus resultierenden Veränderungen – abhängig von den Einflussfaktoren – sind nur dann möglich, wenn physisch ein hohes Maß an *Wandlungsfähigkeit* gegeben ist. Das Potenzial hierzu lässt sich grundsätzlich anhand der acht Faktoren Universalität, Neutralität, Mobilität, Skalierbarkeit, Modularität, Kom-

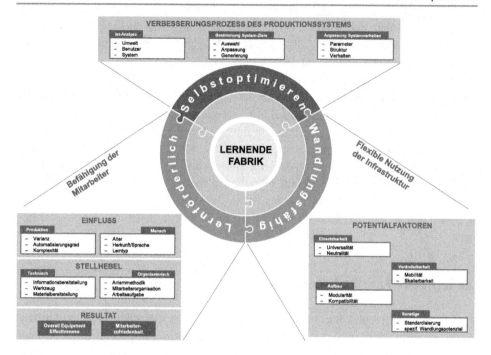

Abb. 2 Komponenten der lernenden Fabrik

patibilität, Standardisierung und objektspezifisches Wandlungspotenzial beschreiben (Heger 2007). Relevant für die weitere Betrachtung ist hierbei vor allem ein modularer und skalierbarer Aufbau der Produktion, welcher gleichzeitig universell genutzt werden kann und mobil ist bei Veränderungen. Die Vernetzung sämtlicher Bestandteile eines Produktionssystems führt zu einem hohen Bedarf an Flexibilität – in Bezug auf die physischen Elemente ist die Wandlungsfähigkeit einer Fabrik daher eine notwendige Voraussetzung für die Industrie 4.0.

Die Veränderung von Produkt, Prozess und Umfeld erschwert es dem Mitarbeiter als wesentlichem Produktionsfaktor schnell zu antizipieren und die geforderten Tätigkeiten in einer wirtschaftlichen Zeit durchzuführen. Die *Lernförderlichkeit* des Montagesystems ist aus diesem Grunde zwingend notwendig. Man versteht unter ihr die technische (Informationsbereitstellung, etc.) und organisatorische (Anlernmethodiken, etc.) Gestaltung eines Systems, welche den unbeeinflussbaren Faktoren – resultierend aus Produktion und Mensch – entsprechend durchzuführen ist. Je höher die Gesamtanlagenverfügbarkeit des Montagesystems ist und die Mitarbeiter zufrieden sind, desto mehr ist diese erfüllt. Für die aktuelle industrielle Revolution ist Sie das Pendant zur Wandlungsfähigkeit, um auch die psychische Flexibilität des Produktionsfaktor Mensch zu gewährleisten.

Durch die Erfüllung dieser drei Eigenschaften wird aus einem normalen Produktionsumfeld eine Umgebung, die eine permanente Weiterentwicklung ermöglicht – die lernende Fabrik. Nur damit ist eine erfolgreiche Bearbeitung eines kleinvolumigen, volatilen Marktes mit geringem technologischen Reifegrad möglich.

Das ZEP als Beispiel für eine lernende Fabrik

Neu gegründeten, kleinen und mittelständischen Unternehmen fehlt es häufig an den monetären und zeitlichen Kapazitäten, um sowohl eine unreife Technologie weiter entwickeln, als auch entsprechende Produktionskonzepte einsetzen zu können, mit deren Hilfe unterschiedliche Entwicklungsstände kurz hintereinander auf den Markt gebracht werden. Für eine erfolgreiche Etablierung der Elektromobilität wurde durch das Zentrum für Elektromobilproduktion (ZEP) der zwingend erforderliche Schulterschluss zwischen Forschung und Industrie vollzogen. Innerhalb dieses Netzwerks wird Produktionsforschung betrieben, um auf der einen Seite die Bezahlbarkeit von E-Mobilität zu erreichen und gleichzeitig den Markt mit technologisch reifen Lösungen versorgen zu können. Durch die realitätsnahen Bedingungen wird ferner eine nahezu nahtlose Übertragung in die Praxis ermöglicht. Der gesamte Produktzyklus bis zur Serienproduktion, von der Entwicklung des Produkts bis zur Validierung von Fertigungsprozessen und Serienanläufen, wird durch die Entitäten Elektromobilitätslabor (eLab), Anlauffabrik und Demonstrationsfabrik (DFA) erforscht. Der StreetScooter transformiert diese Ergebnisse in die Praxis, worauf später noch genauer eingegangen wird (Abb. 3).

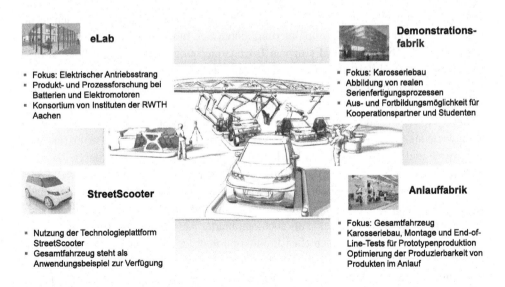

eLab

- Fokus: Elektrischer Antriebsstrang
- Produkt- und Prozessforschung bei Batterien und Elektromotoren
- Konsortium von Instituten der RWTH Aachen

Demonstrations-fabrik

- Fokus: Karosseriebau
- Abbildung von realen Serienfertigungsprozessen
- Aus- und Fortbildungsmöglichkeit für Kooperationspartner und Studenten

StreetScooter

- Nutzung der Technologieplattform StreetScooter
- Gesamtfahrzeug steht als Anwendungsbeispiel zur Verfügung

Anlauffabrik

- Fokus: Gesamtfahrzeug
- Karosseriebau, Montage und End-of-Line-Tests für Prototypenproduktion
- Optimierung der Produzierbarkeit von Produkten im Anlauf

Abb. 3 Struktur des Zentrums für Elektromobilproduktion

Das eLab konzentriert sich hierbei auf die Entwicklung neuer Antriebskonzepte und soll als Grundstein für die wirtschaftliche Serienproduktion von Elektrofahrzeugen dienen. Um höhere Leistung bei niedrigeren Preisen in Zukunft gewährleisten zu können, wird hierbei ein ganzheitlicher Entwicklungsansatz verfolgt. Dieser forschungsintensive Bereich wird durch die Integration verschiedenster Ingenieursdisziplinen bearbeitet. Es dient als Basis für die Entwicklung, Optimierung und Qualität von Komponenten und Prototypen für den elektrischen Antriebsstrang. Möglich ist dieser integrative Ansatz nur durch die entsprechende (informations-) technische und strukturelle Plattform. Die einzelnen Komponenten und ihre Produktionsprozesse werden hierbei permanent analysiert und die dabei entstehenden Daten an die entsprechenden Stellen transportiert. Der Analyse folgen bei Bedarf die Definition neuer Leistungsziele, welche dann durch entsprechende Veränderung von Prozessparametern oder -strukturen auch erreicht werden. Es ist ein Paradebeispiel für ein selbstoptimierendes, lernendes System und bringt die Elektromobilität dadurch in großen Schritten voran.

Die Anlauffabrik als nächster Schritt entlang des Produktlebenszyklus eines Elektrofahrzeugs untersucht die Herausforderungen, welche sich beim Serienanlauf durch die geringe vorhandene Erfahrung bzgl. Elektromobilität bei gleichzeitig hochkomplexen Prozessen ergeben. Im Fokus steht hierbei die Produzierbarkeit, wobei unter serienähnlichen Bedingungen die Prozesse auf die Probe gestellt werden, um später eine Massenproduktfähigkeit der entwickelten Produkt- und Produktionskonzepte gewährleisten zu können. Karosseriebau bei neuartigen Materialkombinationen, Fahrzeugmontage kritischer Komponenten wie bspw. das Battery Pack oder das End-of-Line-Testing technologisch neuer Fahrzeuge bilden wesentliche Problemfelder der E-Fahrzeug-Produktion und werden mit dem Ziel „Serienreife" erforscht. Erkenntnisse in Bezug auf Produkt und Prozess werden an die notwendigen Stellen geliefert, woraus Verbesserungen resultieren sollen, welche dann zeitnah umgesetzt werden können. Hierfür wird, neben der entsprechenden technischen Infrastruktur zur Selbstoptimierung, durch den modularen Aufbau der Produktion und die Skalierbarkeit in Form von Erweiterungsmöglichkeiten, eine hohe Wandlungsfähigkeit gewährleistet. Ferner werden lernförderliche Elemente unter den Prämissen Produkt-/Stückzahlvarianz und begrenzter Vorqualifikation der Mitarbeiter eingesetzt und mit dem Ziel weiterentwickelt, hohe Produktivität in kurzer Zeit zu erreichen.

Die DFA als weiteres Kompetenzzentrum dient der Erprobung, Validierung und Weiterentwicklung von Produktionskonzepten für die Kleinserie. Durch die Produktion von Prototypen und fertig entwickelten Produkten liefert sie neben der Elektromobilität auch jeglichen anderen Unternehmen die Möglichkeit, im Vorfeld der eigenen Serienproduktion die Planung unter realen Bedingungen zu simulieren. Daher ist, neben der Informationsrückkopplung eine universelle und mobile Produktion vorhanden, welche die Erprobung sowohl unterschiedlicher Produkte als auch optimierter Abläufe zulässt. Ein wesentlicher Bestandteil neben der experimentellen Produktion und der Forschung ist hierbei jedoch auch die Weiterbildung von Mitarbeiten. Durch die Erprobung und dem damit verbundenen Einsatz aktuellster Erkenntnisse hinsichtlich der Gestaltung lernförderlicher Arbeitssysteme liefert Sie die ideale Plattform, um Mitarbeiter im Vorfeld der Produktion eigener

Produkte extern zu qualifizieren. Ferner wird durch die Vernetzung von der Maschinen- bis zur Fabrikebene eine permanente Überwachung in Echtzeit ermöglicht.

Zusammenfassend sind diese drei Entitäten das wichtige Bindeglied zwischen Forschung und Industrie, welches den Durchbruch der Elektromobilität beschleunigen wird. Erkenntnisse aus der Wissenschaft werden unter realen Bedingungen validiert und industrialisiert, wobei der herausragende Mehrwert hierbei die unmittelbaren Wechselwirkungen mit Unternehmen aus der Praxis sind.

StreetScooter – Lernen in und aus der Praxis

Der Grund für die Gründung des Unternehmens StreetScooter im Jahre 2011 war die Überzeugung, dass ein realer Bedarf nach Elektromobilität in bestimmten Anforderungsklassen existiert. Das Zusammenspiel der neuesten Erkenntnisse aus der Forschung, gepaart mit fachfremden, in ihrer Disziplin jedoch erfahrenen Unternehmen, haben zum erfolgreichen Gelingen des Vorhabens geführt. Als weiterer Bestandteil des ZEP kommt StreetScooter eine Doppelrolle zu – zum einen fungiert das Unternehmen als Ohr zum Markt bzw. dessen Anforderungen. Auf der anderen Seite dient es der Anwendung neuer Konzepte und Forschungsergebnisse in der Praxis und ist damit als Technologieplattform anzusehen. Die tatsächliche Produktion der Fahrzeuge, außerhalb des ZEP, nutzt die drei oben beschriebenen Säulen der lernenden Fabrik, angepasst auf die spezifischen Bedarfe.

Das Herzstück der lernenden Fabrik, ein sich selbst optimierendes, lernendes Produktionssystem, findet sich hier leicht abgewandelt wieder. Das heterarchische Entwicklungsnetzwerk ermöglicht allen Beteiligten die Analyse der einzelnen Komponenten sowie die Möglichkeit, Verbesserungen an die richtige Stelle zu adressieren. Nach Überprüfung durch die Verantwortlichen ist eine Optimierung im Sinne der Gesamtheit durch Anpassung gewisser Spezifikationen möglich. Das gleichberechtigte Netzwerk generiert durch wenig restriktive Produktspezifikationen und Kommunikation eine optimale Know-How- und Innovationsausschöpfung. Entgegen der herkömmlichen, hierarchischen Lieferantenstrukturen wird den Unternehmen hier ein hohes Maß an Eigenständigkeit ermöglicht und damit ein unmittelbarer Austausch von Informationen, deren Interpretation und eine zeitaktuelle Umsetzung ermöglicht. Hauptelemente dieses Ansatzes sind die kooperative und vertrauensvolle Beziehung zwischen den Netzwerkpartnern, deren Heterogenität und eine systemunterstützte Kommunikation durch ein integratives Product-Life-Cycle-Management.

Die Wandlungsfähigkeit als dringend notwendige Eigenschaft für die Produktion und damit das Unternehmen, welches sich in einem kundenindividuellen, von kleinen Stückzahlen geprägten Markt befindet, wird durch einen effizienten Entwicklungsprozess unterstützt. Value Engineering rückt hierbei den Kundenwert in den Mittelpunkt und bindet den zukünftigen Abnehmer früh in die Produktentstehung ein. So wird die häufig auftretende Unwissenheit der Unternehmen bzgl. der Kundenanforderungen und das daraus resultierende Over-Engineering vermieden. Durch den frühen Abgleich zwischen den internen

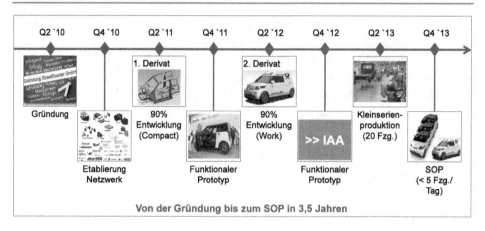

Abb. 4 Meilensteine des Projektes StreetScooter

Gegebenheiten mit den individuellen Wünschen und Restriktionen des Kunden ist eine effizientere Nutzung bestehender Infrastruktur möglich.

Die Varianz an Stückzahlen und Derivaten erfordert eine schnelle Adaption der Mitarbeiter an deren auszuführenden Montagetätigkeiten. Bei StreetScooter ist die Technologieplattform ein wesentlicher Befähiger für die entsprechende Prozessgestaltung (Abb. 4). Die integrierte Produkt- und Prozessentwicklung sowie die parallele Erarbeitung von Produkt- und Prozessbaukästen führen zu einer Minimierung der internen Komplexität. Durch die Baukastensystematik kommen hierbei eine begrenzte Anzahl an Montagekonzepten und Produktlösungen zum Einsatz. Die in Bezug auf die Lernförderlichkeit wichtigen, variantenunabhängigen Bereitstellungsarten von Werkzeug und Materialien, sowie die jederzeit und überall verfügbare Informationen und Anweisungen, erleichtern und fördern die lernförderliche Gestaltung. Die Mitarbeiter erhalten sich so ein gewisses Produktivitätsniveau und erreichen schneller den Zielzustand für das jeweilige Produkt wieder.

Der Beweis dafür, dass die beschriebene lernende Fabrik der Befähiger ist, um in kürzester Zeit und durch geringe Investitionen kundenindividuelle Serien fertigen zu können, ist der StreetScooter Carrier. In nur 3,5 Jahren zwischen Gründung und dem Start der Serienproduktion wurde ein Fahrzeug auf die Beine gestellt, von dem nun 50 Fahrzeuge im Dienste der Post tagtäglich Briefe und Pakete innerhalb Deutschlands zustellen. Das Flottengeschäft ist die Nische, welche der Elektromobilität zum Durchbruch verhelfen wird. Im Rahmen der kundenindividuellen Serienfertigung für E-Fahrzeuge könnten beispielsweise Pflegedienste ein möglicher nächster Absatzmarkt sein. Durch den Megatrend der Urbanisierung und die dadurch geringer werdenden Distanzen, bei einer gleichzeitig dichteren Infrastruktur von Aufladestationen, werden potenziell den Einstieg der Elektromobilität in den Massenmarkt ermöglichen.

Literaturverzeichnis

Christensen, C. M. (1997). *The innovator's dilemma – when new technologies cause great firms to fail (Microsoft Reader edition)* (S. 11). Boston: Harvard Business School Press.

Adelt, P., Donoth, J., Geisler, J., Henkler, S., Kahl, S., Klöpper, B., Krupp, A., Münch, E., Paiz, C., Romaus, C., Schmidt, A., Schulz, B., Tscheuschner, T., Vöcking, H., Witkowski, U., Znamenshchykov, O., Oberthuer, S., Witting, K., Stöcklein, J., & Porrmann, M. (2009). Selbstoptimierende Systeme des Maschinenbaus – Definitionen, Anwendungen, Konzepte. In J. Gausemeier, F. J. Rammig, & W. Schäfer (Hrsg.), *Selbstoptimierende Systeme des Maschinenbaus* (S. 18–28). Paderborn: W.V. Westfalia Druck.

Heger, C. L. (2007). Bewertung der Wandlungsfähigkeit von Fabriken. In P. Nyhuis (Hrsg.), *Berichte aus dem IFA*, Garbsen: PZH.

Forschungsfragen und Entwicklungsstrategien

Entwicklungsperspektiven von Produktionsarbeit

Hartmut Hirsch-Kreinsen

Die Einführung von Industrie 4.0-Systemen ist von großem arbeitssoziologischen wie auch arbeitspolitischem Interesse. Denn es liegt auf der Hand, und es ist in der Debatte um Industrie 4.0 unumstritten, dass smarte Produktionssysteme im Fall ihrer breiten Durchsetzung die bisherige Landschaft der Arbeit in der industriellen Produktion nachhaltig verändern werden (Geisberger und Broy 2012; Kurz 2013; Spath et al. 2013). Auszugehen ist von einem disruptiven Wandel von Prozess- und Arbeitsstrukturen vor allem dadurch, dass die bisherigen sequentiell und ex-ante optimierten Abläufen durch in Echtzeit gesteuerte Prozesse ersetzt werden. Im Folgenden wird nun eine erste Einschätzung möglicher Wandlungstendenzen und damit auch Gestaltungsherausforderungen von Produktionsarbeit im Kontext der Einführung von smarten Produktionssystemen vorgelegt. Der Fokus der folgenden Analyse richtet sich primär auf mögliche innerbetriebliche Wandlungstendenzen der Arbeit. Ausgeklammert werden Veränderungstendenzen überbetrieblicher Produktionsbeziehungen. Methodisch basiert die folgende Argumentation auf einer Durchsicht und einer systematischen Zusammenfassung der vorliegenden Literatur aus dem Bereich der sozialwissenschaftlich orientierten Arbeitsforschung, die sich mehr oder weniger explizit mit dem Wandel von Produktionsarbeit unter den Bedingungen fortgeschritten automatisierter Systeme befasst.

Dimensionen des Wandels

Die Analyse des Zusammenspiels der neuen Technologie und der dadurch induzierten personellen und organisatorischen Veränderungen erfordert grundsätzlich den Blick auf das Gesamtsystem der Produktion und die hier wirksamen Zusammenhänge. Die neuen

H. Hirsch-Kreinsen (✉)
Technische Universität Dortmund, Wirtschafts- und Sozialwissenschaftliche Fakultät, Wirtschafts- und Industriesoziologie, 44221 Dortmund, Deutschland
e-mail: Hartmut.Hirsch-Kreinsen@tu-dortmund.de

© The Author(s) 2015
A. Botthof, E.A. Hartmann (Hrsg.), *Zukunft der Arbeit in Industrie 4.0*,
DOI 10.1007/978-3-662-45915-7_10

Produktionssysteme sind daher, einer lange zurückreichenden arbeitssoziologischen Debatte folgend (Trist und Bamforth 1951; zusammenfassend Sydow 1985), als *soziotechnische Systeme* zu verstehen. Denn allein dadurch sind hinreichend begründete Aussagen über die Entwicklungsperspektiven Gestaltungsmöglichkeiten für Arbeit möglich
(Forschungsunion und acatech 2013). Daher muss auch von einem *weiten Verständnis von
Produktionsarbeit* ausgegangen werden. Denn betroffen von den absehbaren Wandlungstendenzen sind alle direkt und indirekt wertschöpfenden Tätigkeiten in Industriebetrieben;
das heißt, betroffen sind die operative Ebene des Fertigungspersonals, wie aber auch die
Bereiche des unteren und mittleren Managements von Produktionsprozessen sowie die
Gruppe der technischen Experten. Folgt man diesen kategorialen Bestimmungen, so er-
weisen sich Wandlungstendenzen und Gestaltungsmöglichkeiten von Produktionsarbeit in
den folgenden Dimensionen als relevant.

Mensch–Maschine-Schnittstelle

Ausgangspunkt ist die Dimension der unmittelbaren Mensch–Maschine Interaktion. Als
zentrale Herausforderung der Arbeitsgestaltung erweist sich hierbei das Problem, inwieweit die Beschäftigten unmittelbar am System überhaupt in der Lage sind, diese zu kontrollieren und damit die Verantwortung über den Systembetrieb zu übernehmen (z. B.
Grote 2009). Denn es kann davon ausgegangen werden, dass die überwachenden Personen
nicht in jedem Fall in der Lage sind, diesen Funktionen nachzugehen, da die funktionale
und informationelle Distanz zum Systemablauf zu groß ist. Als beispielhaft sind hier Über-
wachungstätigkeiten anzusehen, die sich nicht direkt auf die physischen und stofflichen
Anlagenprozesse auf dem Shop-floor beziehen, sondern etwa über Messwarten mediati-
siert sind. Die Folge ist, dass „the informal feedback associated with vibrations, sounds,
and smells that many operaters relied upon" eleminiert wird, daher das Bedienungsper-
sonal die Anlagenzustände nicht mehr zutreffend einschätzen kann und unter Umständen
falsche Entscheidungen in Hinblick auf Eingriffe in den automatischen Prozess trifft (Lee
und Seppelt 2009). Daher ist vor allem auf die Grenzen der technischen Beherrschbar-
keit der neuen Systeme auf Grund ihrer ausgeprägten Komplexität und ihrer inhärenten
Unberechenbarkeiten zu verweisen. Die Automationsforschung spricht in diesem Zusammenhang von den „ironies of automation", wonach automatisierte Prozesse auf Grund
ihres hohen Routinecharakters bei Störungen nur schwer zu bewältigende Arbeitssituationen erzeugen (Bainbridge 1983). In solchen Situationen seien Qualifikationen erforderlich,
die im automatisierten Routinebetrieb nicht aufgebaut werden könnten (Windelband et al.
2011).

Arbeitssoziologischen Studien zu Folge sind dabei Handlungsweisen wie Intuition und
Gespür, „Aus-dem-Bauch-heraus-Handeln" oder auch Gefühl und Empathie gerade im
Umgang mit komplexen Anlagen unverzichtbar – eine Seite von Arbeitshandeln, die als
„subjektivierendes Arbeitshandeln" gefasst werden kann (zusammenfassend Böhle 2013).
Es geht dabei letztlich um ein Qualifikationsprofil, das durch eine Kombination von

theoretischem Wissen und praktischer Erfahrung charakterisiert ist. Dieses spezifische Qualifikationsprofil ist als die zentrale Bedingung für eine kompetente Anlagenführung anzusehen, da es die Voraussetzung für ein improvisatorisch-experimentelles Arbeitshandeln im unvermeidbaren Störfall darstellt. Freilich muss durch entsprechende Systemgestaltung sichergestellt werden, dass die qualifizierten Arbeitskräfte auch in der Lage sind, ihren Überwachungsaufgaben effektiv nachzukommen (Schumann et al. 1994).

Operative Arbeitsebene

Eine weitere zentrale Dimension und Herausforderung ist die Gestaltung der Aufgaben und Tätigkeitsstrukturen auf der operativen Ebene im Kontext der smarten Produktionssysteme. Folgt man vorliegenden ersten Forschungsergebnisse, so lassen sich die absehbaren Entwicklungstendenzen wie folgt skizzieren (Ausschuss 2008; Kinkel et al. 2008; Windelband et al. 2011; Spath et al. 2013):

- Zum einen ist davon auszugehen, dass Arbeitsplätze mit niedrigen Qualifikationsanforderungen und einfachen, repetitiven Tätigkeiten durch intelligente Systeme in hohem Maße substituiert werden. Als Beispiele hierfür sind einfache Tätigkeiten in der Logistik, bei der Maschinenbedienung und bei der der bisher manuellen Datenerfassung und -eingabe zu nennen. In welchem Umfang Substitutionsprozesse aber eintreten werden, ist derzeit allerdings kaum abschätzbar.
- Zum Zweiten kann für die früher qualifizierte Facharbeiterebene eine Tendenz zur Dequalifizierung von Tätigkeiten befürchtet werden. Zu nennen sind hier Aufgaben wie einfachere Maschinenbedienung, material- und werkstoffbedingte Einstellungen sowie verschiedene Kontroll- und Überwachungsfunktionen, die automatisiert werden. Auch Dispositionsentscheidungen in der Produktionslogistik könnten mithilfe der neuen Systeme teilweise automatisiert werden. Denn benötigte Güter und Waren von Produktionsanlagen können weitgehend selbstständig angefordert werden, so dass die entsprechenden Steuerungsaufgaben der in der Fertigung eingesetzten Mitarbeiter entfallen. Sie greifen folglich nur noch in seltenen Ausnahmefällen in die Produktionsabläufe ein. In der Forschung wird daher von einer verbleibenden „Residualkategorie" von qualifizierter Produktionsarbeit gesprochen, die jene Tätigkeiten umfasst, die nicht oder nur mit einem unverhältnismäßigen Aufwand automatisiert werden können. Dazu zählen etwa anspruchsvolle Wartungs- und Rüstaufgaben, bestimmte Einlegearbeiten, die Zuführung von Material und Halbfertigprodukten oder manuelle Produktionsfertigkeiten, die Experten- und Erfahrungswissen voraussetzen. Eine mögliche Konsequenz ist, dass die Betriebe nun niedriger qualifiziertes Personal als zuvor kostengünstig und ohne längere Anlernzeiten einsetzen können. Die Handlungsspielräume dieser Beschäftigtengruppe sind auf Grund strikter Systemvorgaben naturgemäß sehr eng.
- Zum Dritten kann aber auch eine Qualifikationsaufwertung und Tätigkeitsanreicherung erwartet werden. Als Grund hierfür können die erhöhte Komplexität der Fertigung und die informationstechnologischen Dezentralisierung von Entscheidungs-, Kontroll- und

Koordinationsfunktionen angesehen werden. Daher werden die betroffenen Beschäftigten auf der operativen Ebene gefordert sein, zunehmend eigenständig zu planen und Abläufe abzustimmen. Erforderlich wird beispielsweise ein breiteres Verständnis über das Zusammenwirken des gesamten Produktionsprozesses, der Logistikanforderungen sowie der Lieferbedingungen. Neben dem steigenden Bedarf an Überblickswissen erlangen auch soziale Kompetenzen einen erhöhten Stellenwert, da mit der intensivierten Integration früher getrennter Funktionsbereiche der Bedarf an Interaktion – real wie computervermittelt – mit unterschiedlichen Personengruppen und weiteren Funktionsbereichen ansteigt. In der Forschung wird in diesem Zusammenhang das Schlagwort des „Facharbeiteringenieurs" angeführt, mit dem zum Ausdruck gebracht werden soll, dass manuelle Fertigkeiten an Bedeutung verlieren, während zunehmend bestimmte Programmierkenntnisse sowie das Steuern, Führen und Einstellen von komplexen Systemen an Gewicht gewinnen.

Neben dem angesprochenen Aufgaben- und Qualifikationsanforderungen muss bei der Arbeitsgestaltung auf der operativen Arbeitsebene auch das mögliche hohe Kontrollpotential der neuen Systemtechniken in Rechnung gestellt werden. Die Fragen, welche Möglichkeiten sich hiermit verbinden und wie sie faktisch in Unternehmen genutzt werden, lässt sich derzeit kaum beantworten. In jedem Fall aber wird die Furcht vor dem durch die neuen technologischen Systeme möglichen „gläsernen Mitarbeiter" ein wichtiger Einflussfaktor auf die Akzeptanz der neuen Technologien bei Beschäftigten und Arbeitnehmerinteressenvertretungen sein.

Indirekte Bereiche und Leitungsebenen

Fragt man, wie sich Produktionsarbeit in der hierarchischen Dimension verändert, so finden sich bislang nur wenig eindeutige Forschungsergebnisse. Höhere hierarchische Ebenen der Planungs- und Managementbereiche, so die Forschungsergebnisse, sind potentiell kaum direkt von einer Systemeinführung betroffen, jedoch dürfen sie bei der soziotechnischen Systemgestaltung keinesfalls vernachlässigt werden. Zusammenfassend kann man von widersprüchlichen „Ausstrahlungseffekten" der Systemeinführung auf die hierarchische Ebene sprechen (Kinkel et al. 2008; Spath et al. 2013; Uhlmann et al. 2013):

- Zum einen deuten Evidenzen darauf hin, dass auf Grund der dezentralen Selbstorganisation der Systeme und einer entsprechend flexiblen Arbeitsorganisation auf der operativen Ebene ein Teil von bisher auf der Leitungsebene von technischen Experten und vom Produktionsmanagement ausgeführten Planungs- und Steuerungsfunktionen „nach unten" abgegeben werden. Das heißt, mit Industrie 4.0-Systemen verbindet sich ein Dezentralisierungsschub und Hierarchieabbau innerhalb oft ohnehin schon relativ „flach" strukturierter Fabrikorganisationen.

- Zum Zweiten ist davon auszugehen, dass eine ganze Reihe von Aufgaben in indirekten Bereichen automatisiert und damit vereinfacht oder gar substituiert werden können. Je nach Systemauslegung kann es sich dabei Planungs- uns Steuerungsaufgaben, Tätigkeiten der Instandhaltung und des Service wie aber auch qualitätssichernde Aufgaben handeln.
- Zum Dritten dürften komplexitätsbedingt erweiterte und neue Planungsaufgaben auf diese Bereiche zukommen. Einige Hinweise deuten darauf hin, dass angesichts der Systemkomplexität Aufgaben des „trouble shooting" deutlich an Bedeutung gewinnen. Zudem kann davon ausgegangen werden, dass auf der Planungs- und Managementebene früher getrennte Aufgaben und Kompetenzen, beispielsweise IT- und Produktionskompetenzen, verschmelzen.

Verstärkt werden dürfte diese unklare Situation durch ein sich ebenso widersprüchlich wandelndes Kontrollpotential höher Positionsinhaber: Folgt man der Untersuchung von Kinkel et al. (2008), so eröffnen die Systeme und ihre informationstechnische Abbildung realer Prozessabläufe dem Produktionsmanagement neue und deutlich erweiterte Möglichkeiten zur Kontrolle der Prozesse und zur Störungsdiagnose. Es wird freilich auch auf das damit aufkommende Problem verwiesen, dass damit zugleich neuartige Probleme der Bewältigung und sinnvollen Filterung großer Datenmengen zu erwarten sein. Zugleich wird aber auch nicht ausgeschlossen, dass die Abläufe autonomer Systeme für die Planungsbereiche und die Produktionsleitungen auf Grund der ihrer Komplexität weitgehend intransparent bleiben und daher die bisherigen Entscheidungskompetenzen dieser Managementgruppe sich systembedingt auf die operative Ebene verlagern müssen. Als Konsequenz dieser Situation kann durchaus eine mangelnde Akzeptanz der neuen Technologien bei Managern befürchtet werden.

Obgleich sie bislang wenig eindeutig sind, lassen aber diese Hinweise den Schluss zu, dass die Planungs- und Managementbereiche in Folge der Einführung von Industrie 4.0-Systemen längerfristig ebenso nachhaltig betroffen sein werden wir die operative Ebene. Mehr noch, es ist davon auszugehen, dass der Wandel und eine entsprechende Gestaltung auch der Leitungsebenen unverzichtbare Voraussetzung für die Beherrschung der neuen Technologien ist.

Divergierende Muster der Arbeitsorganisation

Resümiert man die vorliegenden Befunde über den Wandel von Tätigkeits- und Qualifikationsstrukturen, so wird zunächst deutlich, dass die Perspektive einer vollständigen Automatisierung und der menschenleeren Fabrik aus technologischen und ökonomischen Gründen keine realistische Perspektive darstellen kann (Ausschuss 2008). Zugleich ist aber auch kein „one-best-way" der Entwicklung von Arbeit an smarten Produktionssystemen erkennbar. Auszugehen ist vielmehr von einem breiten Spektrum divergierender Muster der Arbeitsorganisation. Diese Muster bezeichnen alternative Möglichkeiten der Arbeits-

Abb. 1 Polarisierte
Organisation (eigene
Darstellung)

Qualifizierte
Experten mit hohen
Handlungsspiel-
räumen

Ingenieure, Fach-
arbeiter mit
Zusatzqualifikation

Dispositive Ebene

EinfacheTätigkeiten

Angelernte

Operative Ebene

gestaltung an und in Industrie 4.0-Systemen. Das Spektrum der divergierenden Muster der Arbeitsorganisation wir durch zwei Pole begrenzt:

Der eine Pol entspricht einem Gestaltungsmuster, das auf den skizzierten Tendenzen der innerbetrieblichen Heterogenisierung von Aufgaben, Qualifikationen und Personaleinsatz beruht. Es finden sich in den Produktionssystemen einerseits eine vermutlich nur noch geringe Zahl einfacher Tätigkeiten mit geringem oder keinem Handlungsspielraum, die laufende standardisierte Überwachungs- und Kontrollaufgaben ausführen. Andererseits ist eine ausgeweitete oder auch neu entstandene Gruppe hoch qualifizierter Experten und technischer Spezialisten anzutreffen, deren Qualifikationsniveau deutlich über dem bisherigen Facharbeiterniveau liegt. Diesen Beschäftigten obliegen nicht nur dispositive Aufgaben etwa der Störungsbewältigung, sondern sie übernehmen verschiedentlich auch Aufgaben des Produktionsmanagements. Diese Beschäftigten sind, im Unterschied zu den Einfach-Beschäftigten, fraglos die Gewinner des absehbaren Technologieschubs. Dieses Muster der Arbeitsorganisation entspricht weitgehend den derzeit schon in vielen hoch technisierten Betrieben vorherrschenden Arbeitsformen, die als widersprüchliche Kombination von Gestaltungsprinzipien der Dezentralisierung und Aufgabenerweiterung einerseits und Strukturierung und Standardisierung andererseits gekennzeichnet werden kann (z. B. Kinkel et al. 2008; Hirsch-Kreinsen 2009; Abel et al. 2013). Insofern vermeiden die Betriebe neben den ohnehin aufwendigen technologischen Innovationen risikoreiche und mit Ungewissheit behaftete organisatorische Innovationen, wenn sie diesem etablierten Pfad arbeitsorganisatorischer Gestaltung folgen. Verkürzt soll daher dieses arbeitsorganisatorische Muster als *Polarisierte Organisation* bezeichnet werden (Abb. 1).

Der andere Pol des Spektrums wird von einem arbeitsorganisatorischen Muster gebildet, das metaphorisch als *Schwarm-Organisation* bezeichnet werden kann (Neef und Burmeister 2005; auch: Lee und Seppelt 2009; Cummings und Bruni 2009). Ziel dieser Orga-

Abb. 2
Schwarm-Organisation (eigene
Darstellung)

**Qualifiziertes Personal
mit hohen Handlungs-
spielräumen**

Ingenieure, Fach-
arbeiter mit Zusatz-
qualifikation, Facharbeiter

**Dispositive und operative
Ebene**

nisationsform ist es, durch höchstmögliche Offenheit und Flexibilität auf der Basis hoher
Qualifikationen der Beschäftigten nicht antizipierbare Stör- und Sondersituationen jederzeit durch kompetentes und erfahrenes Arbeitshandeln bewältigen zu können. Diese Form
der Arbeitsorganisation ist durch eine lockere Vernetzung sehr qualifizierter und gleich-
berechtigt agierender Beschäftigter gekennzeichnet. Einfache und niedrig qualifizierte Tätigkeiten sind hier nicht anzutreffen, denn sie sind weitgehend durch die Automatisierung
substituiert worden. Zentrales Merkmal dieses Organisationsmusters ist, dass es keine definierten Aufgaben für einzelnen Beschäftigten gibt, vielmehr handelt das Arbeitskollektiv
selbst organisiert, hoch flexibel und situationsbestimmt je nach zu lösenden Problemen
im und am technologischen System. Allerdings existiert ein von der Leitungsebene vor-
gegebener Handlungsrahmen, der grundlegende Handlungsregeln, strategische Ziele und
kollektive Orientierungen und Leitvorstellungen etwa in Hinblick auf einen möglichst stö-
rungsfreien und optimalen technologischen Prozess (Neef und Burmeister 2005). Anders
formuliert, dieses Muster der Arbeitsorganisation zielt auf die explizite Nutzung informel-
ler sozialer Prozesse der Kommunikation und Kooperation und der damit verbundenen
extrafunktionalen Kompetenzen und des akkumulierten spezifischen Prozesswissens der
Beschäftigten (Abb. 2).

Stellhebel für die Arbeitsgestaltung

Da es im Fall von smarten Produktionssystemen offensichtlich sehr unterschiedliche Gestaltungsmöglichkeiten von Produktionsarbeit gibt, liegt die Frage nahe, welche beein-
flussbaren Stellhebel für die Gestaltung von Arbeit existieren. Fasst man die vorliegenden
Literatur über die Einführung von komplexen Produktionssystemen zusammen, so spielen
hierbei das jeweils von den Anwenderbetrieben verfolgte Automatisierungskonzept und
damit zusammenhängend die Gestaltungs- und Einführungsprozesse der neuen Systeme
eine grundlegende Rolle.

Alternative Automatisierungskonzepte

Zwar ist grundsätzlich davon auszugehen, dass Automatisierungstechnologien die Gestalt der Arbeit keineswegs determinieren, jedoch können diese Spielräume je nach konkreter Systemauslegung sehr unterschiedlich sein. Fasst man die vorliegende Literatur zur Konzeption autonomer Produktionssysteme zusammen, so kann von divergierenden Systemkonzepten gesprochen werden (z. B. Hollnagel und Bye 2000; Kaber und Endsley 2004; Cummings und Bruni 2009; Lee und Seppelt 2009; Grote 2005):

- Zum einen kann von einem *technologiezentrierten Automatisierungskonzept* gesprochen werden. Diese Konzeption läuft auf eine weitreichende Substituierung von Arbeitsfunktionen durch die automatische Anlage hinaus. Die Rolle von menschlichem Arbeitshandeln hat in diesem Fall kompensatorischen Charakter. Ihm verbleiben Aufgaben, die nur schwer oder nicht zu automatisieren sind und sie umfassen generelle Überwachungsaufgaben. Anders formuliert, menschliches Arbeitshandeln hat in diesem Fall eine Lückenbüßerfunktion und der denkbare Endzustand einer solchen Systemauslegung ist die vollständige Automation. Es steht außer Frage, dass sich mit diesem Systemkonzept fortschreitend engere Spielräume für die Gestaltung von Arbeit verbinden.
- Zum anderen kann von einem *komplementären Automatisierungskonzept* gesprochen werden. Dieses Gestaltungskonzept richtet sich darauf, eine Aufgabenteilung zwischen Mensch und Maschine zu entwerfen, die eine zufriedenstellende Funktionsfähigkeit des Gesamtsystems ermöglicht. Dies setzt eine ganzheitliche bzw. kollaborative Perspektive auf die Mensch–Maschine-Interaktion voraus, die die spezifischen Stärken und Schwächen von menschlicher Arbeit und technischer Automatisierung identifiziert. Für die Gestaltung von Arbeit wird bei dieser Systemkonzeption ein technologischer Rahmen gesetzt, der in unterschiedlicher Weise genutzt werden kann.

In der einschlägigen sozialwissenschaftlichen Literatur (z. B. Grote 2005) wird übereinstimmend davon ausgegangen, dass allein eine komplementäre Systemauslegung eine hinreichende Voraussetzung für eine optimale Ausschöpfung der technologischen und ökonomischen Potentiale des automatisierten Produktionssystems darstellt. Denn sie überlässt nicht wie das technologiezentrierte Automatisierungskonzept menschlichem Arbeitshandeln lediglich fragmentierte Restfunktionen. Vielmehr eröffnet die komplementäre Konzeption Gestaltungsmöglichkeiten der Arbeit, die die oben genannten Awareness- und Feedback-Probleme des Handelns an komplexen Anlagen minimieren, informelles Arbeitshandeln und laufende Lernmöglichkeiten ermöglichen und damit eine hinreichende Kontrollierbarkeit des Systems möglich werden lassen.

Einführungsprozesse

Zu betonen ist darüber hinaus, dass nicht nur der grundlegenden Entwicklungs- und Gestaltungsprozess der neuen Produktionssysteme, sondern auch der je konkrete Einführungsprozess der neuen Systeme bei Anwenderbetrieben eine entscheidende Rolle für die Gestaltung von Arbeit spielt. Denn erst im Verlauf der tatsächlichen Systemeinführung konkretisiert sich in der Regel die Gestaltung des gesamten sozio-technischen Systems auch in technischer, arbeitsorganisatorischer und personeller Hinsicht. Die Bedeutung des betrieblichen Einführungsprozesses für die letztendliche Systemauslegung und die sich durchsetzenden Muster von Produktionsarbeit begründet sich vor allem in dem Umstand, dass die neuen smarten Systeme in der Regel keineswegs schlüsselfertig in einem Plug-and-Play-Verfahren in den Betrieben implementiert werden können. Denn es wird wohl nur selten der Fall eintreten, dass eine intelligente Fabrik als Gesamtkonzept auf die „grüne Wiese" gestellt wird. Vielmehr dürften die meisten autonomen Systeme zunächst einmal als Insellösungen innerhalb bestimmter Produktionssegmente in bestehende technisch-organisatorischen Strukturen von Anwenderbetrieben integriert werden. Erforderlich wird daher im konkreten Einführungsfall ein unter Umständen langwieriger und aufwendiger wechselseitiger Abstimmungsprozess zwischen den neuen Systemen einerseits und den bestehenden betrieblichen Bedingungen andererseits. Verwiesen wird hier insbesondere auf den äußerst aufwendigen Abgleich der neuen Systeme mit vorhandenen Datenbeständen und Systemen (Spath et al. 2013; Schuh und Stich 2013). Insgesamt ist daher von lang laufenden Einführungs- und Anfahrphasen von Industrie 4.0-Systemen auszugehen, in deren Verlauf Tätigkeiten und Arbeitsorganisation eine hohe Flexibilität und Problemlösungsfähigkeit aufweisen müssen und dabei kaum einen definierbaren (End-)Zustand erreichen können.

Literaturverzeichnis

Abel, J., Ittermann, P., & Steffen, M. (2013). *Wandel von Industriearbeit. Herausforderung und Folgen neuer Produktionssysteme in der Industrie.* Soziologisches Arbeitspapier Nr. 32, TU Dortmund.

Ausschuss für Bildung, Forschung und Technikfolgenabschätzung (2008). Zukunftsreport: Arbeiten in der Zukunft – Strukturen und Trends der Industriearbeit. *Deutscher Bundestag Drucksache, 16,* 7959.

Bainbridge, L. (1983). Ironies of automation. *Automatica, 19*(6), 775–779.

Böhle, F. (2013). Subjektivierendes Arbeitshandeln. In H. Hirsch-Kreinsen & H. Minssen (Hrsg.), *Lexikon der Arbeits- und Industriesoziologie*, Berlin (S. 425–430).

Cummings, M., & Bruni, S. (2009). Collaborative Human-Automation Decision Making. In S. Nof (Hrsg.), *Handbook of automation*, Berlin (S. 437–447).

Forschungsunion/acatech (Hrsg.) (2013). *Umsetzungsempfehlungen für das Zukunftsprojekt Industrie 4.0. Abschlussbericht des Arbeitskreises Industrie 4.0.* Frankfurt am Main

Geisberger, E., & Broy, M. (2012). *Agenda CPS. Integrierte forschungsagenda cyber-physical systems.* Heidelberg.

Grote, G. (2005). Menschliche Kontrolle über technische Systeme – Ein irreführendes Postulat. In K. Karrer, B. Gauss, & C. Steffens (Hrsg.), *Beiträge der Forschung zur Mensch–Maschine-Systemtechnik aus Forschung und Praxis.* Düsseldorf (S. 65–78).

Grote, G. (2009). Die Grenzen der Kontrollierbarkeit komplexer Systeme. In J. Weyer (Hrsg.), *Management komplexer Systeme.* München (S. 149–168).

Hirsch-Kreinsen, H. (2009). *Innovative Arbeitsgestaltung im Maschinenbau?* Soziologisches Arbeitspapier Nr. 27, TU Dortmund.

Hollnagel, E., & Bye, A. (2000). Principles for modelling function allocation. *International Journal of Human-Computer Studies, 52*(2), 253–265.

Kaber, D., & Endsley, M. (2004). The effects of level of automation and adaptive automation on human performance, situation awareness and workload in a dynamic control task. *Theoretical Issues in Ergonomics Sciences, 5*(2), 113–153.

Kinkel, S., Friedewald, M., Hüsing, B., Lay, G., & Lindner, R. (2008). *Arbeiten in der Zukunft: Strukturen und Trends der Industriearbeit.* Berlin.

Kurz, C. (2013). Industrie 4.0 verändert die Arbeitswelt. In *Gegenblende. Das gewerkschaftliche Debattenmagazin.* www.gegenblende.de/24-2013 (15.01.2014).

Lee, J. D., & Seppelt, B. (2009). Human factors in automation design. In S. Nof (Hrsg.), *Handbook of automation,* Berlin (S. 417–436).

Neef, A., & Burmeister, K. (2005). Die Schwarm-Organisation – Ein neues Paradigma für das e-Unternehmen der Zukunft. In B. Kuhlin & H. Thielmann (Hrsg.), *Real-Time Enterprise in der Praxis.* Berlin (S. 563–572).

Schuh, G. & Stich, V. (Hrsg.) (2013). *Produktion am Standort Deutschland. Ergebnisse der Untersuchung 2013.* Aachen.

Schumann, M., Baethge-Kinsky, V., Kuhlmann, M., Kurz, C., & Neumann, U. (1994). *Trendreport Rationalisierung. Automobilindustrie, Werkzeugmaschinenbau, Chemische Industrie.* Berlin.

Spath, D., Ganschar, O., Gerlach, S., Hämmerle, M., Krause, T., & Schlund, S. (2013). *Produktionsarbeit der Zukunft – Industrie 4.0.* Stuttgart.

Sydow, J. (1985). *Der soziotechnische Ansatz der Arbeits- und Organisationsgestaltung.* Frankfurt am Main/New York.

Trist, E., & Bamforth, K. (1951). Some social and psychological consequences of the long wall method of coal-getting. *Human Relations, 4*(1), 3–38.

Uhlmann, E., Hohwieler, E., & Kraft, M. (2013). Selbstorganisierende Produktion mit verteilter Intelligenz. *wt-online, 103*(2), 114–117.

Windelband, L., et al. (2011). Zukünftige Qualifikationsanforderungen durch das „Internet der Dinge" in der Logistik. In FreQueNz (Hrsg.) *Zukünftige Qualifikationserfordernisse durch das Internet der Dinge in der Logistik, Zusammenfassung der Studienergebnisse,* (S. 5–9).

Gestaltung von Produktionssystemen im Kontext von Industrie 4.0

Jochen Deuse, Kirsten Weisner, André Hengstebeck und Felix Busch

Produzierende Unternehmen in Deutschland sehen sich durch den wachsenden globalen Wettbewerb einem zunehmenden Termin- und Kostendruck ausgesetzt. Des Weiteren führt die steigende Nachfrage nach kundenindividuellen technischen Produkten und Dienstleistungen zu einer wachsenden Anzahl an Varianten. Zusammen mit der Forderung nach einem immer effizienteren Ressourceneinsatz und der gleichzeitig erforderlichen Zunahme der Leistungsfähigkeit, Flexibilität und Geschwindigkeit der Prozesse, führt dies zu einem deutlichen Anstieg der Komplexität in modernen Produktionssystemen (vgl. Steinhilper et al. 2012). Darüber hinaus stellen der demographische Wandel und dessen Folgen für den Industriestandort Deutschland weitere wesentliche Herausforderungen der kommenden Jahre dar (vgl. Plorin et al. 2013). Die Abnahme der Bevölkerung bei gleichzeitiger Alterung resultiert mitunter in einer deutlichen Veränderung der Größe und Zusammensetzung des Erwerbspersonenpotentials (vgl. Weber und Packebusch 2009; BMI 2011). Um in einem derart dynamischen Umfeld langfristig bestehen zu können, sind produzierende Unternehmen gezwungen, die Produktivität sowie Flexibilität ihrer Prozesse kontinuierlich zu erhöhen.

Chancen und Risiken durch Industrie 4.0

Im Jahr 2012 wurde unter dem Begriff „Industrie 4.0" die durch das Internet getriebene vierte industrielle Revolution ausgerufen (vgl. Kagermann et al. 2013). Das Kernelement dieser sind Cyber-Physische Systeme (CPS), mittels derer eine Vernetzung sich situativ selbststeuernder und räumlich verteilter Produktionsressourcen verfolgt wird. Zentraler

J. Deuse (✉) · K. Weisner · A. Hengstebeck · F. Busch
Institut für Produktionssysteme, Technische Universität Dortmund, Dortmund, Germany
e-mail: jochen.deuse@tu-dortmund.de

© The Author(s) 2015
A. Botthof, E.A. Hartmann (Hrsg.), *Zukunft der Arbeit in Industrie 4.0*,
DOI 10.1007/978-3-662-45915-7_11

Aspekt ist dabei die Berücksichtigung aller zugehörigen Planungs- und Steuerungssysteme, welche innerhalb genau definierter Grenzen eigenständig Informationen austauschen und selbstständig Entscheidungen treffen sollen. Voraussetzung hierfür ist die vollständige Integration jeglicher Ressourcen und Systeme (vgl. Kagermann et al. 2013; Wahlster 2011).

Die in diesem Kontext angestrebte Integration der Informations- und Kommunikationstechnologie (IKT) der CPS in Produktionssysteme führt zur Entstehung sogenannter Cyber-Physischer Produktionssysteme (CPPS) im Sinne einer intelligenten Fabrik (Smart Factory). Ziel der CPPS ist eine durchgängige Verfahrenskette über den gesamten Produktlebenszyklus, um nachhaltig die Flexibilität und Effizienz der industriellen Produktion zu steigern. So sollen durch die Einführung von CPPS Möglichkeiten geschaffen werden, trotz dynamischer Rahmenbedingungen eine kundenindividuelle, reaktionsschnelle und umweltfreundliche industrielle Produktion unter Anwendung verteilter und teils stark heterogener Produktionsressourcen zu realisieren (vgl. Kagermann et al. 2013).

Der hierfür erforderliche Technologieeinsatz sowie die enge Vernetzung der räumlich verteilten Produktionsstätten erfordern eine konsequente Standardisierung der gesamten Wertschöpfungskette, um die ansteigende Komplexität beherrschen zu können. Darüber hinaus gilt es zu gewährleisten, dass durch die entstehenden neuen Formen intelligenter, autonom handelnder Produktionsressourcen das Prozess- und Systemverständnis auf Seiten des Mitarbeiters nicht überproportional abnimmt, sodass seine Handlungsfähigkeit im Produktionssystem erhalten bleibt.

Neben den IKT sind bei der Gestaltung von CPPS vor allem auch strukturelle und infrastrukturelle Voraussetzungen für die operative Gestaltung von Prozessen sowie der Mensch mit seinen jeweiligen Fähig- und Fertigkeiten zu berücksichtigen (vgl. Jentsch et al. 2013). In der jüngeren Vergangenheit hat vor allem die Gesamtbetrachtung der Faktoren Mensch, Technik und Organisation (MTO) bei der Entwicklung und Implementierung von Produktionssystemen zu einer nachhaltigen Verbesserung der Wettbewerbsfähigkeit produzierender Unternehmen geführt (vgl. Ulich 2011). In diesem Zusammenhang gilt es zu untersuchen, in welcher Form das Wirkverhältnis bzw. die Beziehungen zwischen den Faktoren Mensch, Technik und Organisation ausgeprägt sein sollten, um langfristig stabile und vorteilhafte Produktionsprozesse im Kontext von Industrie 4.0 zu gewährleisten. Im Folgenden werden dazu verschiedene Gestaltungsansätze diskutiert.

Bisherige Ansätze zur Gestaltung von Produktionssystemen

In der Vergangenheit wurden sowohl ausgeprägt human- als auch technikzentrierte Ansätze bei der Gestaltung von Produktionssystemen eingesetzt. Als Konsequenz aus der tayloristisch geprägten Arbeitsgestaltung und der resultierenden Unzufriedenheit der Arbeitnehmer entstand im Jahr 1974 das staatliche Forschungs- und Entwicklungsprogramm „Humanisierung des Arbeitslebens" (HdA). Zentrale Aspekte des Programms waren der Schutz der Gesundheit der Arbeitnehmer durch den nachhaltigen Abbau von Belastungen, die menschengerechte Anwendung neuer Technologien sowie die Umsetzung wissenschaftlicher Erkenntnisse und Betriebserfahrungen zur menschengerechten Gestaltung der Arbeitsbedingungen. Konkrete Gestaltungsansätze waren u. a. die Einführung flexibler und selbstbestimmter Arbeitszeiten, die Arbeitsbereicherung und Enthierarchisierung sowie die teilautonome Gruppenarbeit (vgl. Deuse et al. 2009). Kerngedanke der teilautonomen Gruppenarbeit war dabei die Übertragung eines variablen Maßes an individueller Verantwortung für einen umfassenden und möglichst abgeschlossenen Aufgabenbereich (vgl. Hackman 1987). Auf diese Weise sollte bei den einzelnen Gruppenmitgliedern sowohl ein höheres Verantwortungsgefühl als auch eine gesteigerte Arbeitszufriedenheit erzeugt werden (vgl. Hackman und Oldham 1976; Kirchner 1972; Cohen und Bailey 1997). Obwohl neben der menschengerechten Gestaltung von Arbeitsplätzen und -bedingungen auch wirtschaftliche Ziele, wie z. B. die Steigerung der Produktivität angestrebt wurden, konnten diese nicht durchgängig erreicht werden, wie verschiedene Beispiele aus der Automobilindustrie verdeutlichen (vgl. Ulich 2011).

Aus diesem Grund erfuhr das Konzept Computer Integrated Manufacturing (CIM), auch bekannt unter dem Begriff des rechnerintegrierten Produktentstehungsprozesses, in den 1980er Jahren eine hohe Aufmerksamkeit in Deutschland. Zu den wesentlichen Zielen des genannten Ansatzes zählten die vollständige Vernetzung und die ganzheitliche Betrachtung der Prozesse von der Produktentwicklung bis zur Qualitätskontrolle (vgl. Scheer 1994). Durch die Nutzung der Informationstechnologien erfolgte eine systematische Integration und gemeinsame Anwendung der verschiedenen Softwarelösungen für die Produktionsplanung und -steuerung (vgl. Harrington 1979; Bullinger 1989). Entscheidende Vorteile des CIM-Konzeptes waren insbesondere die Steigerung der Produktionsflexibilität bei gleichzeitiger Verringerung der Durchlaufzeiten sowie die Zusammenführung aller Unternehmensbereiche durch Informationsbündelung auf einer gemeinsamen Datenbasis. Bei genauerer Betrachtung der vergangenen Entwicklungen in Deutschland wird jedoch deutlich, dass die angestrebten Ziele nur bedingt erreicht werden konnten. Ein von Kritikern häufig in diesem Zusammenhang angeführter Nachteil ist die Entwicklung der Vision einer menschenleeren Fabrik, welche mit einem rationalisierungsbedingten Arbeitsplatzverlust einhergehen kann (vgl. Bauernhansl 2013; Jentsch et al. 2013). Die unzureichende Berücksichtigung des Menschen, sowohl in seiner Rolle als Mitarbeiter als auch als Kunde, ist eine der Hauptursachen für die wenig erfolgreiche Umsetzung des beschriebenen Konzeptes bei der Gestaltung von Produktionssystemen.

Im Gegensatz zu den bisher dargestellten Gestaltungsparadigmen fokussiert der organisationszentrierte Ansatz des Lean Management die Gestaltung einer möglichst schlanken, verschwendungsarmen und kundenorientierten Organisation. Ziel des Lean Management, dessen Ursprung im Toyota- Produktionssystem liegt, ist die Vermeidung jeglicher Form von Verschwendung, ungeplanter Variabilität und Überlastung von Mitarbeitern und Betriebsmitteln (vgl. Ohno 2009). Darüber hinaus gilt es, die bestmögliche Qualität zu erzeugen, um einen maximalen Kundennutzen entlang einer effizient gestalteten Wertschöpfungskette zu erreichen (vgl. Keßler et al. 2007). In den letzten Jahren konnte so durch die Umsetzung der Prinzipien des Lean Management in produzierenden Unternehmen des

Abb. 1
Organisationszentrierte
Gestaltung von CPPS

Maschinen- und Anlagenbaus in Deutschland der Kundennutzen von Produktionssystemen gesteigert und gleichzeitig die Herstellkosten gesenkt werden (vgl. Schuh 2007).

Die Erfahrungen aus der Vergangenheit zeigen deutlich, dass weder ausgeprägte technik- noch humanzentrierte Gestaltungsparadigmen zu einer nachhaltigen und deutlichen Verbesserung der Wettbewerbsfähigkeit beitragen, sondern u. U. sogar negative Auswirkungen haben können. Im Gegensatz dazu konnten mit organisationszentrierten Ansätzen zur Gestaltung von Produktionssystemen deutliche Fortschritte in der Verbesserung der Wettbewerbsfähigkeit erzielt werden. Die Hypothese lautet, dass der Erfolg der ausgerufenen vierten industriellen Revolution wesentlich davon abhängt, ob es gelingt diese nachhaltig in der Organisation zu verankern und zielgerichtet umzusetzen. Humane und technische Aspekte sind demzufolge an die Strukturen und Prozesse der Organisation anzupassen und auszurichten. Dabei besteht in einem zunehmend dynamischen und komplexen Wettbewerbsumfeld für Unternehmen die Möglichkeit, die Arbeits- und Organisationsgestaltung in verschiedene Richtungen zu entwickeln. Im Rahmen eines organisationszentrierten Ansatzes ist im Sinne der soziotechnischen Arbeits- und Produktionssystemgestaltung die systemische Prozesssicht in den Vordergrund zu rücken. Konkret erfordert die Gestaltung von CPPS u. a. neue dezentrale Führungs- und Steuerungsformen, neue kollaborative Formen der Arbeitsorganisation mit einem hohen Maß an selbstverantwortlicher Autonomie, einen verstärkten Aufbau entsprechender Systemkompetenz sowie damit einhergehend eine wachsende technische Unterstützung auf Basis der Anpassung der Arbeit an den Menschen (vgl. Wahlster 2011). Der beschriebene Zusammenhang wird auch in der Abb. 1 verdeutlicht.

Ansätze zur Gestaltung Cyber-Physischer Produktionssysteme

Die im Kontext von Industrie 4.0 zunehmende soziotechnische Interaktion und Vernetzung jeglicher an der Wertschöpfung beteiligten Akteure und Ressourcen sowie der verstärkte Einsatz neuer Formen der IKT führen mit hoher Wahrscheinlichkeit zu einer vermehrt dezentral organisierten Produktion. Ein mögliches Risiko dieser Entwicklung ist die Erhöhung der Prozessvariabilität, deren Folge die Reduzierung des Kundennutzens aufgrund einer steigenden Durchlaufzeit und einer geringeren Termintreue ist. Um dem entgegen-zuwirken sind einheitliche Regeln zur prozessorientierten Organisation und Steuerung er-forderlich. Strukturierte und gerichtete Wertströme sind dabei eine wesentliche Vorausset-zung für einen wirkungsvollen und zielführenden Technologieeinsatz. In diesem Zusam-menhang ist eine umfassende Standardisierung zur Vereinheitlichung der Prozesse und Strukturen entlang der Wertschöpfungskette Grundlage für die intelligente Autonomie durch CPS und die dezentrale Selbstorganisation der Produktion. Erst die Implementie-rung von definierten, robusten Prozessen, Schnittstellen und Abläufen mit beherrschbarer und planbarer Variabilität schafft die erforderliche Transparenz in komplexen Produkti-onsstrukturen. Für die Implementierung autonomer Prozesse ist die Definition eindeuti-ger, richtiger Lösungen und Referenzprozesse als Steuerungsregel bei der Überwachung von Prozessen eine Voraussetzung. Konkret kann dies u. a. durch die Kategorisierung und Systematisierung von Modelltypen, den Aufbau von Klassifizierungskonzepten und durch die Rekonfigurierbarkeit von Produktionssystemen erreicht werden.

Ausgehend von der systemischen Prozesssicht ist neben dem durch Industrie 4.0 an-gestrebten technischen Entwicklungspotential der Mensch ein wesentlicher Faktor bei der Gestaltung von CPPS. So ist die menschliche Flexibilität und Kreativität auch zukünf-tig nicht durch autonome Systeme ersetzbar. Vielmehr gilt es, die Fähigkeiten des Men-schen durch den intelligenten Einsatz der IKT zu unterstützen und zu erweitern. Zu diesem Zweck sind neue, kollaborative Formen der Arbeitsorganisation zu entwickeln, innerhalb derer der Mensch als aktiver Träger von Entscheidungen und Optimierungsprozessen agie-ren kann. Zukünftig wird der Mensch u. U. räumlich verteilte, vernetzte Produktionsres-sourcen unter Berücksichtigung situations- und kontextabhängiger Zielvorgaben steuern, regulieren und koordinieren müssen.

Die dargestellten Charakteristika der Arbeit sowie der zunehmende Einsatz komple-xer Technologien und das Arbeiten in einem sich ständig verändernden Arbeitsumfeld führen zu steigenden Anforderungen an die Fähigkeiten und Fertigkeiten der Mitarbeiter. Demzufolge sind das Kompetenzniveau und -profil der Mitarbeiter zu überprüfen und ggf. anzupassen. Vor dem Hintergrund der anzustrebenden Prozessorientierung ist der Aufbau einer hinreichenden Systemkompetenz der Mitarbeiter unabdingbar. Diese beinhaltet die Fähigkeit, Funktionselemente eines Produktionssystems zu erkennen, Systemgrenzen zu identifizieren, Funktionsweisen und Zusammenhänge zu verstehen und letztlich Vorher-sagen über das Systemverhalten treffen zu können. Die Systemkompetenz dient demnach als grundlegende Qualifikation und Voraussetzung für den Mitarbeiter als Entscheidungs-träger in CPPS. Bisherige, klassische Lehrmethoden sind für die Vermittlung von System-kompetenz nur bedingt geeignet. Aus diesem Grund sind bedarfsgesteuerte Kompetenz-managementsysteme für wettbewerbsfähige Produktionsunternehmen zu entwickeln. In-halt dieser Systeme sollten die Erarbeitung zweckorientierter Kompetenzprofile, angepasst an das neu definierte Aufgabenspektrum der Mitarbeiter, und die Entwicklung eines kon-tinuierlichen Prozesses der Kompetenzentwicklung sein.

Neben der Notwendigkeit einer kontinuierlichen Erweiterung der Systemkompetenz wachsen auch aus arbeitswissenschaftlicher Sicht die Anforderungen an die Gestaltung der Arbeitssysteme im Kontext Industrie 4.0. So ist die zukünftige Gestaltung der CPPS eng mit den Herausforderungen und Auswirkungen des demographischen Wandels verknüpft. Aufgrund des steigenden Durchschnittsalters der Erwerbstätigen und vor dem Hintergrund sich verkürzender Produktlebenszyklen, zunehmender Innovationsraten und dem verstärkten Einsatz neuer Technologien und Arbeitsabläufe, gewinnen Themengebiete wie die Arbeitsphysiologie, die kognitive Ergonomie, aber auch die Softwareergonomie zunehmend an Bedeutung. In diesem Zusammenhang kommt auch der Entwicklung von Prozessen und Strukturen zur kontinuierlichen Qualifizierung von Mitarbeitern ein hoher Stellenwert zu. Zusätzlich zu einer derartigen Anpassung des Menschen an die Arbeit sind Maßnahmen zur Anpassung der Arbeit an den Menschen zu ergreifen. Ein konkreter Gestaltungsansatz ist dabei die Implementierung innovativer Automatisierungslösungen zur Vereinfachung von Handhabungs-, Transport- und Bearbeitungsaufgaben. Der Einsatz von stationären bzw. mobilen sowie individuellen Assistenzsystemen mit intuitiven Benutzerschnittstellen kann eine Entlastung des Mitarbeiters bei körperlichen und geistigen Tätigkeiten bewirken. Die Automatisierung und Übernahme monoton belastender Aufgaben durch beschriebene Assistenzsysteme ermöglicht ferner die angemessene und flexibel anpassbare Einbindung des Mitarbeiters in Steuerungs- und Regelungsprozesse. Von besonderer Bedeutung ist in diesem Zusammenhang die Schaffung geeigneter Rahmenbedingungen für eine Kooperation zwischen Mensch und Technik. Statt einer reinen regelbasierten Funktionsweise der Assistenzsysteme ist eine dialogbasierte Vorgehensweise anzustreben, bei welcher der Mitarbeiter als letzte Instanz die Entscheidungen trägt und in einem flexibel anpassbaren Niveau in Steuerungs- und Koordinationsaufgaben einbezogen werden kann. Die Integration innovativer Automatisierungslösungen sowie die Unterstützung der Fachkräfte durch intelligente Assistenzsysteme bieten die Möglichkeit, die grundlegenden Verschiebungen der betrieblichen Altersstruktur zu kompensieren und zugleich die ergonomische Gestaltung des Arbeitsplatzes positiv zu beeinflussen.

Aktuelle Forschungsprojekte im Kontext von Industrie 4.0

Wie die aufgezeigten Gestaltungsansätze zeigen, kann Industrie 4.0 dazu beitragen, die eingangs thematisierten Anforderungen zu erfüllen. Trotz dieses hohen Potentials von Industrie 4.0 gilt es zu bedenken, dass es sich dabei um eine Entwicklung handelt, die sich momentan noch in ihren Anfängen befindet. Die aufgezeigten Arbeitshypothesen und -fragen sind im Rahmen von verschiedenen Förder- und Forschungsprojekten zu untersuchen und auf ihre Praxisrelevanz zu überprüfen. Daran aktiv beteiligt ist das Institut für Produktionssysteme (IPS) der Technischen Universität Dortmund, dessen Forschungs- und Entwicklungstätigkeiten in diesem Bereich nachfolgend beispielhaft angeführt sind.

So wurden die Anwendungs- und Unterstützungsmöglichkeiten technischer Assistenzsysteme in dem kürzlich abgeschlossenen BMWi-Verbundforschungsvorhaben rorarob – „Schweißaufgabenassistenz für Rohr- und Rahmenkonstruktionen durch ein Robotersystem" betrachtet (Abb. 2). Zentraler Bestandteil war dabei die Simulation der Mensch–Roboter-Kooperation mit Hilfe eines digitalen Menschmodells und die simulationsge-

Abb. 2 Robotergestütztes
Assistenzsystem für den
Einsatz im manuellen
Schweißprozess (vgl. Busch
et al. 2012)

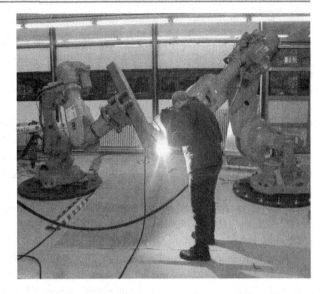

stützte Roboterbahnplanung unter Berücksichtigung physischer Belastungen für Mitarbeiter. Darüber hinaus wurden Technologien zur Gewährleistung der Arbeitssicherheit und Ergonomie in Systemen mit direkter Mensch–Roboter-Kooperation entwickelt und in einem Demonstratoraufbau erprobt (vgl. Busch et al. 2012).

Neben einer Verbesserung der ergonomischen Randbedingungen können technische Assistenzsysteme auch dazu genutzt werden, die individuellen Leistungsfähigkeiten des Mitarbeiters von den spezifischen Leistungsanforderungen des Arbeitssystems zu lösen, um geeignete Arbeitsbedingungen zu schaffen. Ein Beispiel ist der ortsflexible Einsatz robotischer Assistenten zur Entkopplung des Mitarbeiters von einem festen Kundentakt. Dieser Aspekt wird im BMBF-Verbundvorhaben INDIVA – „Individualisierte soziotechnische Arbeitsplatz-assistenz für die Produktion" fokussiert. Dabei ist es das Ziel des Projekts, im Zuge steigender demographischer Anforderungen eine durchgängig hohe Qualität der ergonomischen Gestaltung in industriellen Produktionsprozessen durch Anpassungen im Bereich der Technik und Organisation sicherzustellen. Zu diesem Zweck erfolgen der Aufbau und die Implementierung eines hochflexiblen hybriden Montagesystems mit einer fähigkeitsorientierten und situationsabhängigen Arbeitsteilung zwischen Mensch und Maschine. Darüber hinaus werden die Potentiale von kollaborativ-robotischen Arbeitsassistenzsystemen zur technologischen Unterstützung des Mitarbeiters untersucht. Der Einsatz individualisierbarer Humansimulationen ermöglicht zudem eine mitarbeiterbezogene Bewertung des Arbeitsablaufes und stellt damit ein wesentliches Instrument zur frühzeitigen physiologisch-ergonomischen Arbeitsplatzgestaltung und Leistungsabstimmung dar.

Die technologische Unterstützung des Menschen bei der Durchführung manueller Arbeitsprozesse in und außerhalb der Fabrik durch Servicerobotik-Applikationen ist Gegenstand der Forschungstätigkeiten des vom BMWi geförderten Verbundvorhabens MANU-SERV – „Vom manuellen Prozess zum industriellen Serviceroboter". Ziel des Projekts ist die Entwicklung eines Planungs- und Unterstützungswerkzeugs für die Realisierung von Servicerobotik in sozio-technischen Arbeitssystemen, auf welches sowohl potentielle Anwender robotischer Systeme als auch Anbieter derartiger Gestaltungslösungen Zugriff haben. Für Anwender besteht die Möglichkeit, die zukünftig zu automatisierenden Arbeitsprozesse standardisiert mittels einer neuartigen Prozessbeschreibungssprache einzupflegen. Diese Daten werden in einem nächsten Schritt mittels eines Planungskerns auf die Möglichkeit zur Automatisierung geprüft. In Abhängigkeit von dem resultierenden Automatisierungsgrad werden anschließend konkret einsetzbare servicerobotische Lösungen, welche direkt von den Herstellern über die Internetplattform hinterlegt werden können, inklusive möglicher Bewegungsablaufpläne bereitgestellt. Die Anwendung des zu entwickelnden Planungs- und Entscheidungsunterstützungswerkzeugs dient sowohl der stärkeren Vernetzung von Herstellern und Anwendern industrieller Servicerobotik als auch der Reduzierung der physischen Mitarbeiterbelastung durch den Wegfall monotoner, physisch stark belastender manueller Arbeitsprozesse.

Aktuelle Erfahrungen im Bereich der Digitalen Fabrik zeigen, dass Ergonomie nicht nur im Bereich klassischer manueller Arbeitstätigkeiten eine wichtige Rolle spielt, sondern insbesondere auch vor dem Hintergrund einer Industrie 4.0 zum Tragen kommt. So nimmt die Softwareergonomie sowie die angepasste Bereitstellung von Informationen bei dem vom BMBF geförderten Forschungsprojekt CSC – „Cyber System Connector" eine vordergründige Rolle ein. Ziel des Projekts ist es, durch Nutzung der Möglichkeiten cyberphysischer Produktionssysteme eine stets aktuelle und normgerechte technische Dokumentation für Maschinen und Anlagen über den gesamten Produktlebenszyklus zu erreichen. Durch die Entwicklung netzwerkfähiger Hardwarekomponenten wird es möglich, Änderungen am System umgehend zu erkennen und in ein virtuelles Abbild der Anlage zurückzuspielen. Das entstehende und kontinuierlich aktualisierte virtuelle Abbild wird anschließend genutzt, um anwendungsspezifisch und personalisiert Inhalte der technischen Dokumentation bereitzustellen (vgl. Bilek et al. 2012). Damit werden sowohl die Prozesse der Wartung und Instandhaltung beschleunigt als auch die kontinuierliche Verbesserung des Produktionssystems unterstützt.

Eine wichtige Voraussetzung für eine solche intelligente Informationsbereitstellung ist die Verknüpfung und effiziente Nutzung digitaler Datenbestände entlang des Produktentstehungsprozesses. Dies gilt insbesondere für Planungsfälle, in denen aufgrund bestimmter Rahmenbedingungen, wie z. B. hoher Investitionskosten oder zeitlicher Beschränkungen, bereits frühzeitig eine sehr hohe Planungsgüte erforderlich ist. Häufig finden sich derartige Szenarien bei der Planung von Produktionssystemen. Dabei ist die Bedeutung der Montage hervorzuheben, da diese einen meist hohen Anteil an der gesamten Wertschöpfung aufweist und darüber hinaus oft zu einem großen Teil hinter dem Kundenentkopplungspunkt liegt, was wiederum zu hohen Anforderungen bezüglich Komplexität und Lieferzeit führen kann. Diese Rahmenbedingungen stellen eine Motivation des vom BMBF geförderten Forschungs- und Entwicklungsprojekt Pro Mondi – „Prospektive Ermittlung von Montagearbeitsinhalten in der Digitalen Fabrik" dar. Ziel des Forschungsvorhabens ist die Entwicklung einer Gesamtsystematik zur ganzheitlichen Unterstützung bei der integrierten Ermittlung von Montagearbeitsinhalten entlang der digitalen Produktentstehung. Mit modularen Lösungsbausteinen in einer Systemumgebung vom CAD- und PDM-System über Digitale Fabrik und PLM-Systeme bis hin zu Speziallösungen der Prozessplanung und der Zeitwirtschaft bietet die Gesamtsystematik flexible Einsatzmöglichkeiten in vielfältigen Anwendungsszenarien. Die Möglichkeit einer durchgängigen digitalen Planung von Montagearbeitsinhalten eröffnet weitergehende Potentiale zur zielgerichteten Nutzung montagerelevanter Daten im Kontext der smarten Datenanalyse (vgl. Deuse et al. 2011).

Mit einer durchgängigen Verknüpfung von digitalen Informationen kann der hohen Variabilität großer Datenmengen (Industrial Big Data) begegnet werden. Um auf Basis eines solchen Netzwerkes in einem dynamischen Umfeld möglichst zeitnah auf Änderungen reagieren zu können, kommt darüber hinaus der Echtzeitfähigkeit von Daten in Bezug auf eine intelligente und angepasste Informationsbereitstellung (Smart Data) eine wesentliche Bedeutung zu. Diese wird im Rahmen des Teilprojektes B3 des Sonderforschungsbereichs 876 zum „Data Mining in Sensordaten automatisierter Prozesse" in den Vordergrund gestellt. Der Forschungsansatz ermöglicht es, die Prozessparameter in Produktionsprozessen durch technische Sensorik kontinuierlich zu erfassen und hinsichtlich kritischer Muster zu überwachen. Mittels Methoden des überwachten Lernens werden, basierend auf diesen Methoden, Qualitätsprognosen für die Produkte abgeleitet, die dem Anwender in der Produktion Hinweise darauf geben, ob aktuelle Prozessparameter zur Erreichung der geforderten Qualität beibehalten oder angepasst werden müssen bzw. die weitere Bearbeitung abgebrochen werden sollte (vgl. Morik et al. 2010).

Fazit und Ausblick

Ziel der zukünftigen Gestaltung von CPPS ist es, die Faktoren Mensch, Technik und Organisation in Einklang zu bringen. Dafür sind geeignete Methoden und Konzepte zu entwickeln. Auf Grundlage der Erfahrungen aus den Epochen CIM und HdA sowie den Erkenntnissen des Lean Management ist ein organisationszentrierter Ansatz, welcher die Gestaltung am Kundennutzen orientierter, verschwendungsarmer Wertströme beinhaltet, zu empfehlen. Dabei besteht Forschungs- und Entwicklungsbedarf hinsichtlich der zukünftigen Rollenverteilung zwischen Mensch und Technik und der darauf basierenden konkreten Ausgestaltung der Mensch–Technik-Interaktion. Themen wie die „Digitale Fabrik", die „Mensch–Roboter-Kooperation" und das „Industrial Data Mining" werden in diesem Zusammenhang an Bedeutung gewinnen.

Literaturverzeichnis

Bauernhansl, T. (2013). Industrie 4.0: Nur ein Medienhype oder die schöne neue Produktionswelt? *ZWF Zeitschrift für wirtschaftlichen Fabrikbetrieb, 108*, 573–574.

Bilek, E., Busch, F., Hartung, J., Scheele, C., Thomas, C., Deuse, J., & Kuhlenkötter, B. (2012). Intelligente Erstellung und Nutzung von Maschinendokumentation. *ZWF Zeitschrift für wirtschaftlichen Fabrikbetrieb, 107,* 652–656.

BMI – Bundesministerium des Innern (2011). *Demographiebericht; Bericht der Bundesregierung zur demographischen Lage und künftigen Entwicklung des Landes.* Berlin.

Bullinger, H.-J. (Hrsg.) (1989). *CIM-Technologie im Maschinenbau: Stand und Perspektiven der betrieblichen Integration.* Ehringern: Expert.

Busch, F., Thomas, C., Kuhlenkötter, B., & Deuse, J. (2012). A hybrid human–robot assistance system for welding operations methods to ensure process quality and forecast ergonomic conditions. In S. J. Hu (Hrsg.), *Proceedings of the 4th CIRP conference on assembly technologies and systems (CATS): Technologies and systems for assembly quality, productivity and customization* (S. 151–154).

Cohen, S. G., & Bailey, D. E. (1997). What makes teams work: group effectiveness research from the shop Floor to the executive suite. *Journal of Management, 23,* 239–290.

Deuse, J., Eigner, M., Erohin, O., Krebs, M., Schallow, J., & Schäfer, P. (2011). Intelligente Nutzung von implizitem Planungswissen der Digitalen Fabrik. *ZWF Zeitschrift für wirtschaftlichen Fabrikbetrieb, 106,* 433–437.

Deuse, J., Schallow, J., & Sackermann, R. (2009). *Arbeitsgestaltung und Produktivität im globalen Wettbewerb.* Tagungsband zum 55. Frühjahrskongress „Arbeit, Beschäftigungsfähigkeit und Produktivität im 21. Jahrhundert". 04.03.–06.03.2009 der Gesellschaft für Arbeitswissenschaft e.V. (GfA). Technische Universität Dortmund, S. 19–23.

Hackman, J. R. (1987). The design of work teams. In J. Lorsch (Hrsg.), *Handbook of organizational behaviour* (S. 315–342). Englewood Cliffs: Prentice Hall.

Hackman, R., & Oldham, G. R. (1976). *Motivation through the design of work: test of a theory. Organizational behavior and human performance* (S. 250–279).

Harrington, J. (1979). *Computer integrated manufacturing.* Malabar: Krieger Pub Co.

Jentsch, D., Riedel, R., Jäntsch, A., & Müller, E. (2013). Fabrikaudit Industrie 4.0; Strategischer Ansatz zur Potentialermittlung und schrittweisen Einführung einer Smart Factory. *ZWF Zeitschrift für wirtschaftlichen Fabrikbetrieb, 108,* 678–681.

Kagermann, H., Wahlster, W., & Helbig, J. (2013). *Umsetzungsempfehlungen für das Zukunftsprojekt Industrie 4.0 – Abschlussbericht des Arbeitskreises Industrie 4.0.* Berlin: Forschungsunion im Stifterverband für die Deutsche Wissenschaft.

Keßler, S., Stausberg, J. R., & Hempen, S. (2007). Lean Manufacturing – Methoden und Instrumente für eine schlanke Produktion. In U. Pradel, J. Piontek, & W. Süssenguth (Hrsg.), *Praxishandbuch Logistik.*

Kirchner, J. H. (1972). *Arbeitswissenschaftlicher Beitrag zur Automatisierung – Analyse und Synthese von Arbeitssystemen.* Berlin: Beuth.

Morik, K., Deuse, J., Faber, V., & Bohnen, F. (2010). Data Mining in Sensordaten verketteter Prozesse. *ZWF Zeitschrift für wirtschaftlichen Fabrikbetrieb, 105,* 106–110.

Ohno, T. (2009). *Das Toyota-Produktionssystem.* Frankfurt: Campus Verlag.

Plorin, D., Jentsch, D., Riedel, R., & Müller, E. (2013). Ambient Assisted Production; Konzepte für die Produktion 4.0 unter Berücksichtigung demographischer Entwicklungen. *wt werkstatttechnik online, 103,* 135–138.

Scheer, A. (1994). *CIM: computer integrated manufacturing: towards the factory of the future.* Berlin: Springer.

Schuh, G. (2007). Lean Innovation – Die Handlungsanleitung. In G. Schuh & B. Wiegand (Hrsg.), *4. Lean Management Summit.* Aachen: Apprimus Verlag.

Steinhilper, R., Westermann, H., Butzer, S., Haumann, M., & Seifert, S. (2012). Komplexität messbar machen; Eine Methodik zur Quantifizierung von Komplexitätstreibern und -wirkungen am Beispiel der Refabrikation. *ZWF Zeitschrift für wirtschaftlichen Fabrikbetrieb, 107,* 360–365.

Ulich, E. (2011). *Arbeitspsychologie*. Zürich: Schäffer-Poeschel.

Wahlster, W. (2011). Industrie 4.0: Vom Internet der Dinge zur vierten industriellen Revolution. In *Innovationskongress Märkte, Technologien, Strategien*, Zentralverband Elektrotechnik- und Elektronikindustrie e.V. (ZVEI).

Weber, B., & Packebusch, L. (2009). Effizienz und Mitarbeiterorientierung im demographischen Wandel: Chance für KMU. In K. Landau (Hrsg.), *Produktivität im Betrieb – Tagungsband der GfA Herbstkonferenz 2009*, Stuttgart: Ergonomia Verlag.

Innovation braucht Resourceful Humans Aufbruch in eine neue Arbeitskultur durch Virtual Engineering

Jivka Ovtcharova, Polina Häfner, Victor Häfner, Jurica Katicic und Christina Vinke

Einleitung und Begriffsklärung

Der Trend zu mehr sozialem Wohlbefinden im Einklang mit der Wohlstandssteigerung und die verstärkte Rolle der sozialen Vernetzung birgt deutlich die Anzeichen einer tiefgreifenden gesellschaftlichen Veränderung. Dabei handelt es sich nicht mehr nur darum, die Weltwirtschaft für die großen Herausforderungen zu stärken. Menschen mit der Fähigkeit des vernetzten Denkens und Handelns und mit dem Blick für das große Ganze sind gefragt. Bisher wird der Mensch mit seinem Potential, trotz aller Beteuerungen, jedoch noch als „Human Ressource" aber nicht wirklich als „Resourceful Human" (in Anlehnung an Fischer 2012) betrachtet. Der Übergang zum „Mensch im Mittelpunkt der Betrachtung" setzt eine zukunftsfähige Innnovationskultur voraus, die ein grundlegend verändertes Verständnis der menschlichen Möglichkeiten und Bedürfnisse im Umgang mit Technologien, Arbeitssystemen und natürlichen Ressourcen aber auch den Menschen selbst benötigt. Weiterhin sind neue Modellierungs- und Interaktionsparadigmen, Technologielösungen sowie Arbeitskulturen gefragt, die den Wechsel der Blickrichtung zu Innovation durch „Resourceful Humans" ermöglichen und somit maßgeblich zur effektiven und effizienten Teamarbeit in unternehmensübergreifenden und interkulturellen Unternehmenspartnerschaften beitragen.

Dass Computersysteme dabei eine wichtige Rolle einnehmen, ist unbestreitbar. Im Unterschied zu den traditionellen digitalen Technologien, bei denen die Computersysteme dem Mensch lediglich Hilfestellung anbieten und dieser nach wie vor die Prozesse lenkt, erfordert der interaktive und kreative Mensch–Maschine-Umgang neue Ingenieurmethoden, -inhalte und Kommunikationswerkzeuge, die unter dem Begriff Virtual Engineering

J. Ovtcharova (✉) · P. Häfner · V. Häfner · J. Katicic · C. Vinke
Institut für Informationsmanagement im Ingenieurwesen (IMI), Karlsruher Institut für Technologie (KIT), Karlsruhe, Germany
e-mail: jivka.ovtcharova@kit.edu

© The Author(s) 2015

A. Botthof, E.A. Hartmann (Hrsg.), *Zukunft der Arbeit in Industrie 4.0*,
DOI 10.1007/978-3-662-45915-7_12

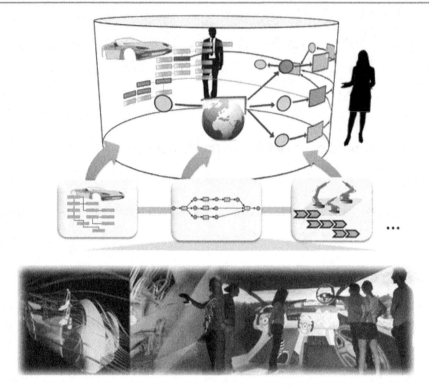

Abb. 1 Begriff des Virtual Engineering (eigene Darstellung)

(VE) zusammengefasst werden. So bietet das Virtual Engineering eine integrierte Prozess-System-Sicht auf das Ganze und ermöglicht unter anderem Entwicklern, Lieferanten, Herstellern und Kunden gleichermaßen, physisch noch nicht existierende Gegenstände rein virtuell zu handhaben und hinsichtlich deren Eigenschaften und Funktionen realitätsnah und ganzheitlich zu beurteilen (Abb. 1).

Was unter dem Begriff „Virtual Engineering" zu verstehen ist, lässt sich leicht durch Paraphrasieren eines bekannten Zitats von Edsger W. Dijkstra (niederländischer Informatiker) erklären. Er hat einst gesagt: „Informatik hat etwa so viel mit Computern zu tun, wie Astronomie mit Teleskopen". Dieser Satz bedeutet unter anderem, dass der Computer ein Werkzeug für die Arbeit des Informatikers ist, was oft aus den Augen verloren wird. Das Virtual Engineering hat in derselben Weise etwa so viel mit der virtuellen Realität zu tun, wie Informatik mit Computern. Trotzdem wird das Virtual Engineering in den allermeisten Fällen sofort mit dem Werkzeug „virtuelle Realität" assoziiert und nicht mit dem Gedankengut und den Konzepten, die die Ingenieurwissenschaften ausmachen. Dieses Bild reduziert dann leider immer wieder die Bedeutung und das Potenzial des Virtual Engineering einseitig auf äußerliche, rein visuellen Aspekte. Die Zielsetzung des Virtual Engineering ist die Verschmelzung von physischen und virtuellen (Computer-generierten, begehbaren) Wirklichkeiten, Wahrnehmung und Kommunikation durch Täuschung der menschlichen

DIGITAL ENGINEERING

- Einzelarbeitsplatz
- Aufgabenorientiert
- IT im Mittelpunkt
- Offline-Anwendung
- GUI-basierte Interaktion

VIRTUAL ENGINEERING

- Teamarbeitsplatz
- Entscheidungsorientiert
- Mensch im Mittelpunkt
- Echtzeit-Anwendung
- Intuitive Interaktion

Abb. 2 Virtuelles Engineering vs. Digitales Engineering (eigene Darstellung)

Sinne in Echtzeit und im Raum und der Einsatz neuer Ingenieurmethoden für realitätsnahe Human–Computer-Interaktion (logisch, nachvollziehbar, intuitiv) in Echtzeit. Damit unterscheidet sich der Ansatz des Virtual Engineering vom traditionellen Ansatz des Digital Engineering wesentlich, wie auf Abb. 2 dargestellt.

Durch den VE-Ansatz sind gegenwärtige Entwicklungs- und Produktionsabläufe grundlegend zu überdenken. So werden Nano- und Mikrostrukturen sowie mechatronische Komponenten eingesetzt, um die Synergien verschiedener Disziplinen wie Mechanik, Elektrik, Elektronik und Software produktiv auszuschöpfen. Eine immer größere Bedeutung erlangen dabei die Cyber-Physischen Systeme (CPS). Nach der Bezeichnung dieses Begriffs bestehen Cyber-Physische Systeme aus verschiedenen vernetzten mechanischen, elektronischen und Softwarekomponenten, die sich selbständig über eine gemeinsame Dateninfrastruktur (z. B. das Internet) untereinander koordinieren (in Anlehnung an Geisberger und Broy 2012). Weiterhin sind moderne 3D- und 4D-Visualisierungstechnologien in Vormarsch. Diese helfen unsichtbare Phänomene sichtbar und frühzeitig validierbar zu machen um dadurch neue Produkteigenschaften und -funktionen zu verwirklichen. Durch den VE-Einsatz werden zukünftige, physisch noch nicht existierende Gegenstände realitätsnah und bedienungsgerecht erlebbar.

Dieser Artikel befasst sich mit der Problematik der Mensch–Maschine–Mensch-Schnittstelle im Kontext des Virtual Engineering. Da systemtechnische Lösungen heutzutage in Zusammenhang mit der Verwaltung von komplexen und umfangreichen Problemstellungen und Informationsmengen stehen, setzt das Virtual Engineering mit seinem Ansatz „Reducing Complexity" an und reduziert die Komplexität auf das Wesentliche, um Menschen als „Resourceful Humans" in Entscheidungsprozessen zu unterstützen. Dies ermöglicht es Menschen, einander an ihren Ideen teilhaben zu lassen und neue Arbeitsumgebungen zu schaffen, in denen multidisziplinäre Teams mit unterschiedlichen, jedoch sich ergänzenden Erfahrungen nachhaltig zusammen arbeiten können. Diese Thematik betrifft über Prozesse der operativen Ebene hinausgehend insbesondere auch Unternehmensentwicklungs-, Strategieplanungs- und Managementprozesse. Aktuelle VE-Anwendungen in der Produktentwicklung, Produktion und Bildung werden anhand von Forschungsergebnissen des Instituts für Informationsmanagement im Ingenieurwesen (IMI) (www.imi.kit.edu) am Karlsruher Institut für Technologie (KIT) (www.kit.edu) illustriert.

Aufbruch in eine neue Lebens- und Arbeitskultur

Betrachtet man die Wandlungsprozesse der nächsten fünf bis zehn Jahre (im Sinne der Trendforschung) sind diese durch eine totale Durchdringung der Informations- und Kommunikationstechnologien (IKT) in allen Lebens- und Arbeitsbereichen unserer Gesellschaft gekennzeichnet. So vielseitig und leistungsfähig die IKT-Lösungen auch sein können stehen von nun an die Menschen im Mittelpunkt der Betrachtung. An der ersten Stelle dieses Wandels ist die wachsende Rolle des Individuums zu nennen, mit seiner subjektiven und emotional betonten Wahrnehmung von Produkten, Dienstleistungen oder Lebens-, Bildungs- oder Berufsarten allgemein. Diese resultiert aus der sinkenden Abhängigkeit des Individuums von traditionellen Bindungen und Normen, verstärkt durch den allgemeinen Wohlstandszuwachs seit den 1960er Jahren. Das heißt, die Formen des Zusammenlebens sind immer weniger Ergebnis gesellschaftlicher Zwänge und Vorgaben, sondern Resultat eigenständiger Wahlentscheidungen der Menschen und ihrer Wünsche. So entwickelt sich eine neue Vielfalt von Lebensformen und -stilen, aber auch eine neue Form sozialer Gemeinschaft. Dies geht mit entsprechend veränderter Besitz- und Benutzmotivation einher; Emotion, Erlebnis- und Begeisterungsaspekte treten in den Vordergrund. Immer mehr Menschen gehen engagiert vor, teilen Bilder und Inhalte, kommentieren Aktionen in sozialen Netzwerken, sprechen Weiterempfehlungen aus und fühlen sich bestimmten Marken, Produkten und Dienstleistungen gegenüber verbunden, d. h. sie betrachten diese gewissermaßen als „Freunde". Der Mensch als Individuum tritt dabei in einer oder mehreren „Rollen" gleichzeitig auf, u. a. als Produzent, Dienstleister, Kunde oder Wissensempfänger.

Der wahrhaftige Wandel der Gesellschaft von IKT- zu menschzentriert drückt sich zuallererst in einem natürlichen Mensch–Maschine-Kommunikationsstil aus, der auf Verständnis und Dialog zwischen Mensch und Maschine basiert und die Verknüpfung von mehreren Kommunikationskanälen der menschlichen Wahrnehmung (unter anderem Sehen, Hören, Riechen, Schmecken und Tasten) voraussetzt. Noch steht dieser Wandel und der damit verbundene Aufbruch in eine neue Lebens- und Arbeitskultur ganz am Anfang, jedoch schon heute sind weitgehende Auswirkungen in allen menschlichen Lebensbereichen, wie Gesellschaftsformen, Technologie, Ökonomie und Wertesysteme sichtbar.

Qualitativ neue Ansätze für die gute Arbeit in der Industrie 4.0

Im Institut für Informationsmanagement im Ingenieurwesen am Karlsruher Institut für Technologie wurde 2008 ein Lifecycle Engineering Solutions Center (LESC) (www.lesc.kit.edu) mit dem Ziel eröffnet, neueste Ergebnisse aus der Forschung und Virtual Engineering Best Practices in industrielle Anwendungen nahtlos zu transferieren. In diesem Zentrum stehen zu Zwecken der Anwendungs-, Grundlagenforschung und der Lehrtätigkeiten des Instituts skalierbare high-end VE-Systeme zur Verfügung. Zahlreiche Aktivitäten werden durchgeführt, beginnend mit der Entwicklung einer Virtual–Reality-Engine „PolyVR" über den Aufbau von Virtual Mock-Ups im Produktlebenszyklus und die interaktive Flexibilitätsbewertung in der Produktion über die Erforschung des emotionalen Kundenfeedback für variantenreiche Produkte und die Schaffung neuer Formen des Wissenserwerbs in immersiven Umgebungen. Im Folgenden werden ausgewählte Ansätze des Instituts vorgestellt.

Skalierbare Virtual Engineering Anwendungen

Betrachtet man den heutigen Stand der Arbeit und Technik ist es festzustellen, dass trotz des Einsatzes moderner Technologien, u. a. der virtuellen Realität, das „Windows, Icons, Menus, Pointer (WIMP)"-Paradigma der 80er Jahre unseren Alltag immer noch bestimmt. Abgeleitet aus diesem Kenntnisstand ergibt sich die zentrale Fragestellung des Virtual Engineering: Inwieweit trägt die Weiterentwicklung der VR-Technologien zu einer Veränderung der Mensch–Maschine-Interaktion als Voraussetzung einer natürlichen und intuitiven Form der Kooperation von Menschen mit Maschinen bei? Hierbei soll in einem ersten Schritt untersucht werden, inwieweit der Mensch seine Intuition und natürlichen Instinkte zur Interaktion mit der Maschine verwenden kann. Dabei geht es um sein Gesamtverhalten, wie z. B. seine Körperhaltung, Gestik und Sprache. So setzt der Mensch seinen ganzen Körper zur Interaktion in einer VR-Umgebung ein. Er nimmt Informationen mit seinen fünf Sinnen gleichzeitig auf und reagiert mit Sprache, Handlungen und unbewusster Körpersprache auf diese. Das Ziel des Virtual Engineering ist es daher, dieses breite Spektrum menschlicher „Ein-und Ausgangskanäle" mit Hilfe von VR-Systemen zu simulieren, um sich der vollkommenen Interaktion anzunähern. Dann lernt der Mensch nicht mehr wie er Systeme bedient, sondern das System lernt wie es dem Menschen dient, was heutzutage eine der größten Herausforderungen des Wechsels zu „Resourceful Humans" darstellt.

Die virtuelle Realität wird dabei als ein Medium bezeichnet, „ . . . das aus interaktiven Rechensimulationen besteht, welche die Lage und Handlungen des Teilnehmers verfolgen und das Feedback zu einem oder mehreren menschlichen Sinnen ersetzen oder erweitern, so dass der Teilnehmer das Gefühl hat, mental immersiv oder präsent in der Simulation zu sein" (Sherman und Craig 2003). Bei den angesprochenen menschlichen Sinnen handelt es sich meist um das Sehen (i.d.R. 3D-Projektion), das Hören (i.d.R. räumlicher Schall) und den Tastsinn (haptische Geräte). Technologien wie Head- oder Finger-Tracking ermitteln in Echtzeit die Lage und Orientierung von Teilen des Nutzerkörpers und passen die Simulation an seine Aktion an. Der Nutzer kann mit Hilfe von Eingabegeräten oder Gesten durch die virtuelle Welt navigieren und sie manipulieren. Die drei Haupteigenschaften der virtuellen Realität sind (Burdea und Coiffet 2003):

- Immersion als Grad der Eingebundenheit des Nutzers in der virtuellen Welt
- Interaktion als bidirektionaler Informationsfluss zwischen dem Nutzer und der virtuellen Welt
- Imagination als Ausmaß des Vorstellungsvermögens des Nutzers, angeregt durch die Darstellung

Eine mittels VR-System erzeugte virtuelle Welt, die diese Haupteigenschaften aufweist, wird als immersive Umgebung bezeichnet. Industrielle Anwendungen der virtuellen Realität, mit Ausnahme einiger wirtschaftsstarker Branchen wie Automobil- und Flugzeugindustrie, konnten sich jedoch kaum in der Breite durchsetzen. Dies lag vor allem an den hohen Anschaffungs- und Wartungskosten der Hardware- und Software und oft nicht ausgereiften Insellösungen. Ein wichtiger Paradigmenwechsel, der in den letzten Jahren in der Spieleindustrie zu beobachten war, findet dagegen auch im Bereich des Ingenieurwesens Beachtung. Neue Interaktionswerkzeuge, wie beispielsweise Microsofts Kinect™ oder LeapMotion™ zur Gestensteuerung, sind als ausgereifte Produkte mit klaren Konzepten auf den Markt gekommen.

Wichtige Ansichten sind in diesem Zusammenhang die Interaktion, Intuition und Imagination. Die Desktop-Umgebung wird als klassische Mensch–Maschine-Schnittstelle durch neuartige Systeme abgelöst, in denen der Nutzer die zentrale Rolle spielt. Statt ein System zu bedienen, soll der Mensch intuitiv die visualisierten Inhalte erfahren und verändern können. Um in die virtuellen Welten eintauchen zu können, müssen die Schnittstellen hoch immersiv gestaltet sein. Diese Bedingung kann von den aktuell verfügbaren Technologien in der Unterhaltungsindustrie – 3D-Fernsehern, kostengünstigen Head-Mounted-Displays und Spielekonsolen – erfüllt werden, die natürliche Interaktionen wie Gestenerkennung nutzen. Die Vorteile dieser Konzepte ergeben sich durch die wesentlich schnellere Übertragung von Informationen an den Nutzer, da sich dieser mit seinen Sinnen viel präsenter und eingebundener fühlt. Daraus folgen eine kürzere Einarbeitungszeit, eine schnellere Interaktion und ein besseres Einschätzungsvermögen.

Die im Institut entwickelte Virtual Reality Software PolyVR adressiert die o. g. Herausforderungen, indem sie skalierbare und schnell generierbare VE-Systemlösungen unterstützt. Sie ist die ideale Lösung zum Erstellen und Erleben von interaktiven 3D-Applikationen. So wird der Import unterschiedlichster Daten erleichtert, wie zum Beispiel 3D-Inhalte in Form von Numerik-, Netz-, Volumen- oder CAD-Daten. Zusätzlich können auch Animationen, Ton und physikalische Echtzeitsimulationen in die VR-Szene eingebunden werden (Abb. 3).

Wichtigste Eigenschaften von PolyVR sind dabei die flexible Konfiguration und einfache Einbindung aller gängigen VR-Ein- und Ausgabegeräte wie Trackingsysteme und Computer-Cluster für verteilte Visualisierung. Headtracking ermöglicht die ständige Anpassung der Nutzerperspektive und hat einen noch wesentlich größeren Einfluss auf die Tiefenwahrnehmung als die stereoskopischen Darstellungen. Die 3D-Anwendungen sind von den Hardware-Systemen entkoppelt, dies erlaubt einen flexiblen Einsatz der Applikation auf allen unterstützenden Hardware-Systemen. Die dadurch erreichte Skalierbarkeit

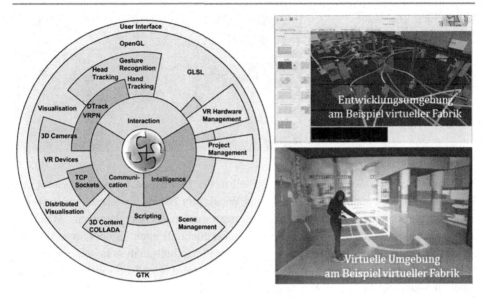

Abb. 3 Software-Architektur und Arbeitsumgebungen der PolyVR-Software

von Lösungen erlaubt somit den Einsatz nicht nur in hoch immersiven VR-Umgebungen wie CAVEs oder Holospaces, sondern ebenso auf KMU-gerechten VR-Umgebungen, z. B. unter Einsatz von 3D-Fernsehern.

Weiterhin bietet die intuitive Benutzeroberfläche eine einfache Bedienung, auch für nicht VR-Experten. Interaktive 3D-Inhalte können an der laufenden Anwendung verwaltet, verändert und erweitert werden. Eine intuitive Darstellung des Szenengraphen erlaubt jeden Aspekt der Szene wie 3D-Modelle, Licht, Kameras oder Interaktion schnell zu verändern. Die in PolyVR integrierten umfangreichen Möglichkeiten Skripte zu erstellen, sind für Entwickler ein bequemes Werkzeug zur Implementierung komplexer Funktionalität.

Flexibilitätsmanagement in der Produktion

Die Vorteile der VE-Technologie in der Produktentwicklung und Produktion wurden relativ früh wie folgt erkannt (Ovtcharova et al. 2005):

- Integration von Simulationsmodellen aus unterschiedlichen Ingenieursdisziplinen
- Modellierung und Validierung von für den Nutzer wahrnehmbaren Produkteigenschaften, die schwer explizit spezifizierbar sind
- Effiziente Erfassung von Nutzerpräferenzen und Anforderungen
- Vorausschauende Simulation und Beurteilung von Produktkonzepten, die erst in der Zukunft durch technologische Fortschritte realisierbar werden

Abb. 4 Eintauchen in die
virtuelle Fabrik

Zur Bewältigung der Herausforderung speziell in der Produktion wurde am Institut der Methodenbaukasten ecoFLEX (Rogalski und Wicaksono 2012) entwickelt. Auf Basis eines Bewertungskonzepts für Produktionsressourcen werden Energie-, Personal-, Material- und Betriebsmittelbedarfe sowohl aus strategischer Sicht als auch im operativen Einsatz geplant. Über eine mitgelieferte Funktionalität zur Flexibilitätsanalyse lassen sich zudem bestehende Schwächen bei der Auslegung, Dimensionierung und Personalbelegung von Produktionsanlagen bewerten. Die Kopplung von ecoFLEX mit der bereits beschriebenen PolyVR-Engine erlaubt ein immersives Eintauchen in die virtuelle Arbeitsumgebung von Produktionsanlagen (Abb. 4).

Dadurch erhalten Produktionsplaner nunmehr die Möglichkeit, die mit ecoFLEX erkannten Ineffizienzen im Ressourceneinsatz detailliert an den virtuellen Anlagemodellen zu untersuchen und Lösungsalternativen zu erarbeiten, was sonst nur am realen Objekt erreichbar wäre. Mit Hilfe der virtuellen Abbildung der Produktionsmittel und der Simulation von Prozessen ist es möglich, unterschiedliche Bearbeitungsstrategien auf ihre Auswirkungen auf das Gesamtsystem hin zu testen. Zu diesem Zweck stehen vielfältige Interaktionsmöglichkeiten und Analysefunktionen bereit. Diese erleichtern es maßgeblich, komplexe Zusammenhänge und verknüpfte Informationen aufzunehmen und im Sinne eines verbesserten Anlagenbetriebs bereits in den Phasen der Neu- und Änderungsplanung anzuwenden. Somit werden unnötige Mehrkosten bedingt durch einen ineffizienten Ressourceneinsatz im Live-Betrieb oder weniger sinnvolle Anpassungen der Produktionsinfrastruktur vermieden und finanzielle Spielräume für zukünftige Investitionen im Anlagenbau geschaffen. Der oben beschriebene Lösungsansatz integriert die interaktive VR-Umgebung als Frontend mit eigenständigen Simulationstools im Backend. Diese wird mit einer bidirektionalen Netzkommunikation realisiert, die nachhaltige und erweiterbare Schnittstellen gewährleistet.

Erfassung und Bewertung von emotionalem Kundenfeedback

Der Markterfolg eines Unternehmens hängt maßgeblich von der Zufriedenheit seiner Kunden ab (Homburg und Bucerius 2006). Aus diesem Grund ist eine kontinuierliche Einbindung der Endkunden in den Produktentwicklungsprozess sehr wichtig. Das Prinzip des Frontloading besagt aber, dass gerade in den frühen Phasen ein verstärkter Einsatz von

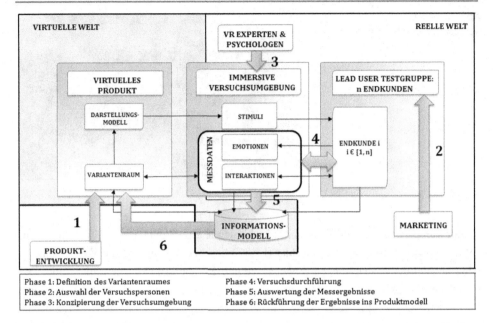

Abb. 5 Sechs Schritte der Methodik EMO VR

Ressourcen zur Erwerbung von Wissen über das zukünftige Produkt sinnvoll ist, denn zu diesem Zeitpunkt verfügt das Unternehmen über einen großen Entscheidungsspielraum und kann auch Änderungen zu relativ niedrigen Kosten durchführen (Ovtcharova 2010). Also bringt die Kundeneinbindung gerade in den frühen Phasen des konzeptuellen Designs von virtuellen Produkten den größten Vorteil. Da Emotion als eine der drei Erfolgsparameter des modernen Marketings identifiziert wurde (Kreutzer und Merkle 2006) und Endkunden größtenteils und zunehmend emotionale Kaufentscheidungen treffen, muss insbesondere das emotionale Kundenfeedback über virtuelle Produkte erfasst werden. Aktuell werden Kunden in der Regel nicht in der Ideenauswahlphase eingebunden, sondern erst zum späteren Zeitpunkt. Somit erreicht die große Mehrheit der Designideen gar nicht den Endkunden.

Am IMI wurde eine neuartige Methodik (Katicic 2012) entwickelt, um frühzeitig zuverlässiges emotionales Kundenfeedback über Produkte zu erhalten, die sich in den frühen Phasen der Entwicklung befinden und daher nur virtuell existieren. Das Akronym dieser Methodik lautet EMO VR und geht auf die Technologien der Emotionserkennung und der Virtuellen Realität zurück, deren einzigartige Kombination dieser Methodik zugrunde liegt. Sie besteht aus sechs Schritten (Abb. 5). Im Laufe der Durchführung sind Iterationen sinnvoll und notwendig. Der Erfolg der Methodik hängt entscheidend von der ebenbürtigen Beteiligung unterschiedlicher Experten (Ingenieure, Designer, Marketingexperten, Psychologen, Virtual–Reality-Fachleute) ab.

Abb. 6 EMO VR
Versuchsumgebung

Zur Validierung der vorgestellten Methodik wurde eine Studie mit 21 Teilnehmern am Lifecycle Engineering Solutions Center (LESC) durchgeführt, indem die Versuchsumgebung anhand der Feststellungen (Ovtcharova und Katicic 2011) ausgewählt wurde. Die PolyVR-Engine wurde bei der Implementierung des Anwendungsfalls – ein Konfigurator für ein Fahrzeugcockpit – eingesetzt. Zur Visualisierung wurde eine passive Drei-Wand-Stereoprojektion mit den Abmessungen 4,5 m × 2,6 m × 1,9 m benutzt. Das optoelektronische Trackingsystem der Firma ART wurde für das Head-Tracking und zur Interaktion mit der Anwendung eingesetzt (Abb. 6). Zur Interaktion mit der virtuellen Welt wurde eine einfache Geste „Pont&Click" implementiert (Bewegung vor- und rückwärts schnell nacheinander in Richtung des gezielten Objektes). Die peripheren physiologischen Messungen erfolgten mit dem mobilen Gerät NEXUS-32. Aufgenommen wurden Signale der Gesichtsmuskeln (EMG), die elektrodermale Aktivität der Finger (EDA) und der Puls (BVP) auf dem Mittelfinger der inaktiven Hand.

Die zwei modernen Technologien der Virtuellen Realität und der Emotionserkennung wurden in die parallel verlaufenden verketteten Prozesse der Produktentwicklung und Marktforschung so integriert, dass aus einer Vielfalt alternativer zukünftiger Produktdesigns die emotional ansprechenden (funktionsfähigen) Designs aus der Sicht des Endkunden, und somit im Sinne der Gesellschaft, identifiziert werden. Immersive Umgebungen ermöglichen eine kontexttreue Darstellung des virtuellen Produktes im realen Maßstab, wodurch das Vorstellungsvermögen des Kunden und die natürliche Abgabe seines emotionalen Feedbacks begünstigt werden. In diesen Umgebungen ist zuverlässiges emotionales Feedback nur dann erfassbar, wenn bereits eine individuelle emotionale Kalibrierung zur Referenzbildung durchgeführt wurde und wenn die implementierte Interaktion routinemäßig erfolgt und somit die Emotionen des Kunden nicht beeinträchtigt. Die Erfassung peripherer physiologischer Signale wurde als vielversprechend bestätigt, während geschlossene Fragen eine unzureichende Wiederholbarkeit der Ergebnisse aufgrund der verfälschenden kognitiven Vermittlung lieferten. Die vorgeschlagene Methodik ist kohärent und erzielt Synergien zwischen Experten aus unterschiedlichen Fachgebieten.

Mixed Reality Driving Simulator   Energy Experience VR Demonstrator

Abb. 7 Beispiele für immersive Lernumgebungen

Wissenserwerb in immersiven Lernumgebungen

Immersive Umgebungen werden zunehmend für Bildungs- und Trainingszwecke eingesetzt. Diese sogenannten virtuellen Lernumgebungen haben das Ziel, den Nutzern Wissen
und praktische Fähigkeiten zu vermitteln (Abb. 7). Die anschauliche und anwendungs-
bezogene Darstellung von Lerninhalten in virtuellen Lernumgebungen trägt gerade bei
komplexen oder abstrakten Themen zu einem größeren Verständnis des Lernstoffs bei.
Des Weiteren bieten virtuelle Lernumgebungen die Möglichkeit des direkten Erlebens von
Lerninhalten und können mit Hilfe von Individualisierung und Selbststeuerung des Lernens zu einer Steigerung des Lernerfolgs führen. Ein weiterer Vorteil von virtuellen Lernumgebungen ist die Simulation wirklichkeitsgetreuer Bedingungen bei Trainings, welche
in der Realität mit hohen Gefahren oder Kosten verbunden sind.

Am IMI wurde der Einfluss unterschiedlicher Immersionsgrade und verschiedener Bewegungsarten zur Navigation in virtuellen Umgebungen auf die menschliche Gedächtnisleistung erforscht (Häfner et al. 2013). Mit Hilfe eines simplen Gedächtnistests ist die
menschliche Gedächtnisleistung in einer hoch-immersiven CAVE und einer niedrig immersiven virtuellen Desktop-Umgebung in Bezug auf unterschiedliche Bewegungsarten
quantifiziert worden. Als Bewegungsarten sind physisches und virtuelles Gehen untersucht
worden. In der CAVE wurde den Probanden unter Zuhilfenahme einer Motion-Capturing-
Technik die Navigation mittels aktivem physischem Gehen ermöglicht. Die Verwendung
des Navigationsgerätes ART Flystick2™ befähigte die Probanden zum aktiven virtuellen
Gehen in der CAVE. Aus technischen Gründen war in der virtuellen Desktopumgebung
keine Navigation durch Motion-Capturing möglich. Den Ergebnissen zufolge konnte ein
Einfluss der Bewegungsart auf die menschliche Gedächtnisleistung weder bewiesen noch
widerlegt werden.

Des Weiteren lieferte die ANOVA hinsichtlich des Einflusses des Immersionsgrades
von virtuellen Umgebungen auf die menschliche Gedächtnisleistung einen p-Wert von
0,101. Da dieser Wert knapp oberhalb der Grenze eines marginal signifikanten Ergebnis-
ses liegt, wird angenommen, dass ein Effekt in der Grundgesamtheit besteht. Das erfordert
aber eine Eruierung durch Folgestudien. Des Weiteren sollen in Zukunft lernbezogene
Aufgaben mit höheren kognitiven Belastungen untersucht werden. Aus den Ergebnissen
der Studie wurden folgende Interaktionsparadigmen für den VR-Bereich formuliert:

Abb. 8 Virtual Reality Fahrsimulator als immersive Lernumgebung

- Die Bewegungsart in einer virtuellen Umgebung beeinflusst wahrscheinlich nicht die menschliche Gedächtnisleistung.
- Der Grad der Immersion einer virtuellen Umgebung beeinflusst sehr wahrscheinlich die menschliche Gedächtnisleistung.

Ein weiteres Beispiel zum Einsatz von immersiven Lernumgebungen ist das im Rahmen des von der Baden–Württemberg-Stiftung finanzierten Projektes „MINT-Box DRIVE" (Häfner et al. 2014). Die Schüler des Einstein-Gymnasiums und der Tulla-Realschule in Kehl haben sich mit physikalischen Gesetzen der Themengebiete Regelkreise, Energie und Mechanik spielerisch auseinandergesetzt. Mit visuellen Programmieren und Parameteränderungen konnten sie die Auswirkung von physikalischen Größen untersuchen und, unterstützt durch moderne Virtual Reality Lösungen, am Fahrsimulator live erleben (Abb. 8).

Der Experimentierkasten besteht aus einem Fahrersitz, dem Logitech G27 System (Lenkrad, Pedalen und Schaltung) und Head Mounted Displays als Ausgabe und stellt eine intuitive Mensch–Maschine-Schnittstelle dar. Die Schüler konnten auf diese Weise durch Vernetzung von Denken, Handeln und Intuition Fähigkeiten zum Erkennen und Lösen von interdisziplinären Problemen aus dem Gebiet der MINT-Fächer entwickeln. Im Unterricht wurden vorrangig Methoden zum individuellen und selbstbestimmten Lernen eingesetzt. Durch das Nutzen von Virtual–Reality-Systemen wurde bewiesen, dass das naturwissenschaftlich-technische Interesse bei SchülerInnen durch kreative Arbeit und spielerisches Lernen gefördert werden kann. Die modernen VR-Lösungen unterstützen das räumliche Vorstellungsvermögen und erzeugen eine nachhaltige Weiterbildungsmotivation im naturwissenschaftlich-technischen Bereich.

Die Entwicklung von virtuellen Umgebungen im Bildungsbereich erfordert ein tiefgreifendes Verständnis der technologischen und inhaltlichen Aspekte, die den Lernprozess und das Verständnis des Nutzers fördern und unterstützen. Dabei sind die Vorteile von virtuellen und besonders von immersiven Lernumgebungen gegenüber traditionellen Lehrmethoden hinsichtlich ihrer inhaltlichen und technologischen Relevanz nur rudimentär erforscht (Schwan und Buder 2006).

Ausblick

Die vorgestellten Forschungsergebnisse zeigen auf, dass die Virtual Engineering-Methoden in der Zukunft eine immer bedeutendere Rolle bei der Produktentwicklung und Produktion sowie beim Lernen spielen werden. Der Erfolg im Übergang von technologie- zu menschgerechten Arbeitssystemen, Produkten und Dienstleistungen in Industrie 4.0 hängt sehr stark vom Innovationsgrad eines Unternehmens ab. Ökonomisch entscheidend ist ein hoher Innovationsgrad bei geringen Kosten und kompromissloser Qualität. Aufgrund der Wertschöpfung durch Einsatz intelligenter Komponenten und Cyber-Physischen Systemen sind innovative und Mensch-zentrierte Produkte jedoch von hoher interdisziplinärer und damit komplexer Natur. Hierzu ist eine starke Kopplung eines physischen und eines Computermodells nötig. Diese Kopplung stellt die ultimative informationstechnische Basis des Virtual Engineering dar, die das daraus resultierende Zusammenwachsen realer und virtueller Welten ingenieurmäßig in weitreichende und alle Lebensbereiche durchdringende Lösungen umsetzt.

Literaturverzeichnis

Burdea, G. C., & Coiffet, P. (2003). *Virtual reality technology* (S. 1–3). New York: Wiley Interscience.

Fischer, H. (2012). Der Sohn will die Revolution. *Human Resources Manager, 2012*, 45–47.

Geisberger, E. & Broy, M. (Hrsg.) (2012). *AgendaCPS, integrierte forschungsagenda, cyberphysical systems, acatech studie.*

Häfner, P., Vinke, C., Häfner, V., Ovtcharova, J., & Schotte, W. (2013). The impact of motion in virtual environments on memorization performance. In *2013 IEEE international conference on computational intelligence and virtual environments for measurement systems and applications (CIVEMSA)* (S. 104–109). New York: IEEE.

Häfner, P., Häfner, V., & Ovtcharova, J. (2014). Experiencing physical and technical phenomena in schools using virtual reality driving simulator. In P. Zaphiris (Hrsg.), *LNCS: Bd. 8524. Humancomputer interaction, Part II, HCII 2014* (S. 50–61). Switzerland: Springer.

Homburg, C., & Bucerius, M. (2006). Kundenzufriedenheit als Managementherausforderung. In *Kundenzufriedenheit: Konzepte – Methoden – Erfahrungen* (S. 64–65). Wiesbaden: Gabler.

Katicic, J. (2012). *Methodik für Erfassung und Bewertung von emotionalem Kundenfeedback für variantenreiche virtuelle Produkte in immersiver Umgebung.* Dissertation am Karlsruher Institut für Technologie (KIT).

Kreutzer, R. T., & Merkle, W. (2006). Die Notwendigkeit zur Neuausrichtung des Marketing. In *Die neue Macht des Marketing* (S. 13–17). Wiesbaden: Gabler.

Ovtcharova, J., Weigt, M., & Seidel, M. (2005). Virtual Engineering – Handlungsbedarf und Lösungsansätze zur Prozess- und Systemintegration Virtuelle Produkt- und Prozessentwicklung. In: *Magdeburger Maschinenbau-Tage*. Tagungsband 7.

Ovtcharova, J. (2010). *Vorlesungen im Fach Virtual Engineering*. Wintersemester: Karlsruher Institut für Technologie. 2010/2011.

Ovtcharova, J., & Katicic, J. (2011). Design of immersive environment for capturing of emotions to virtual products. In *Wissenschaftliche Konferenz „Innovationen und Wettbewerbsfähigkeit“, Sofia* (S. 203–208).

Rogalski, S., & Wicaksono, H. (2012). Methodology for flexibility measurement in semi-automatic production. In H. A. ElMaraghy (Hrsg.), *Enabling manufacturing competitiveness and economic sustainability* (S. 141–146). Berlin: Springer.

Sherman, W. R., & Craig, A. B. (2003). *Understanding virtual reality: interface, application, and design* (S. 5–6). San Francisco: Morgan Kaufmann.

Schwan, S., & Buder, J. (2006). *Virtuelle Realität und E-Leaning*.

Wege aus der Ironie in Richtung ernsthafter Automatisierung

Andreas Lüdtke

Einleitung

Dieser Text beschäftigt sich mit konzeptuellen Überlegungen und einem Vorgehensmodell zur systematischen Berücksichtigung des Faktors Mensch im Rahmen der Automatisierung von Aufgaben zur Überwachung und Steuerung sicherheitskritischer Prozesse. Gemeint sind Prozesse wie z. B. industrielle Fertigungsprozesse oder auch Fahrprozesse mit dem Auto oder Flugzeug. Der Mensch, um den es hier geht, ist (1) der menschliche Operateur, der unter Nutzung der Automatisierungssysteme den Fertigungsprozess überwacht, ggf. steuernd eingreift und Reparaturmaßnahmen in die Wege leitet, sowie (2) der menschliche Fahrer oder Pilot, der unterstützt durch Assistenzsysteme ein Fahrzeug oder Flugzeug steuert bzw. überwacht, wie dies von weitgehend autonome Autopiloten erledigt wird.[1] Die autonome Steuerung ist in Flugzeugen weit vorangeschritten, aber auch im Auto wird dies mit großer Wahrscheinlichkeit in absehbarer Zukunft Realität werden. Automatisierung wurde in der Vergangenheit und wird auch heute noch oft unter der Annahme betrieben, dass der Mensch das schwächste Glied der Kette ist und dass er deshalb nach und nach vollständig ersetzt werden muss. Dies hat zu einigen Ironien geführt, die eine neue Qualität von Fehlerarten hervorgebracht haben, die häufig lapidar als „Fehlbedienungen" abgetan werden. Der Text zeigt auf, dass diese Ironien aus einer unzureichenden Auseinandersetzung mit dem Faktor Mensch resultieren. Es wird argumentiert, dass Automatisierung ohne Einbeziehung des Menschen nicht erfolgreich betrieben werden

---

[1] Vereinfachend wird im Folgenden für beide Typen der Begriff Operateur verwendet. Gemeint ist damit also der menschliche Operateur oder spezifischer der Pilot oder Fahrer.

A. Lüdtke (✉)
OFFIS, FuE Bereich Verkehr/R&D Division Transportation, Escherweg 2, 26121 Oldenburg, Deutschland
e-mail: andreas.luedtke@offis.de

© The Author(s) 2015
A. Botthof, E.A. Hartmann (Hrsg.), *Zukunft der Arbeit in Industrie 4.0*,
DOI 10.1007/978-3-662-45915-7_13

kann. Die Rolle des Menschen muss explizit gestaltet werden und diese Rolle wegent-
wickeln zu wollen ist keine Lösung. Der Text argumentiert für die Auflösung einer starren
Zuweisung von Aufgaben auf Mensch und Maschine. Eine optimale Aufgabenaufteilung
kann nicht a-priori festgelegt werden, sondern muss zu jedem Zeitpunkt anhand festge-
legter Verteilungsstrategien auf Basis situativer Erfordernisse neu bestimmt werden. Diese
Flexibilität kann durch eine neue Perspektive auf die Mensch–Maschine Beziehung unterstützt werden: das Mensch–Maschine Team (MMT). In diesem Team wird interagiert,
um die Aufgaben gemeinsam zu bewältigen und es wird kommuniziert, um ein gegenseitiges Verstehen herzustellen. Der Entwicklungsgegenstand ist nicht mehr das Automatisierungssystem sondern das MMT. Die Teamperspektive stellt die Entwickler vor neue
Entwurfsherausforderungen. Der Text zeigt, dass diesen mit einem ingenieurmäßigen modellbasierten Vorgehen begegnet werden kann. Abschließend wird innerhalb dieses Vorgehens exemplarisch die Methodik des Ecological Interface Designs für den Entwurf der
Mensch–Maschine Schnittstelle vorgestellt.

Das klassische Automatisierungsdilemma

Bainbridge hat 1983 in ihrem mittlerweile klassischen Beitrag die Ironien der Automatisierung von Überwachungs- und Steuerungsprozessen in der Industrie pointiert heraus-
gestellt. Obwohl Bainbridge auf die Prozessindustrie fokussiert, führt sie bereits an, dass
sich die Ironien auch in vielen anderen hochautomatisierten Bereichen wieder finden lassen. Das Dilemma der Automatisierung lässt sich beispielsweise sehr gut am Beispiel der
Luftfahrt darstellen.

Die Automatisierung bestimmter Pilotenaufgaben erlebte in den 80er Jahren einen entscheidenden Auftrieb. Mit der Einführung der Boeing 767 im Jahre 1982 konnte die Arbeitslast im Cockpit so weit reduziert werden, dass statt der Drei-Mann-Besatzung nur
noch zwei Piloten notwendig waren (Billings 1997). In diesen Anfängen der Cockpitau-
tomatisierung wurde der Mensch als schwächstes Glied im Flugablauf betrachtet und es
galt, seine Tätigkeiten so weit wie möglich durch Automatisierung zu ersetzen (Rüegger
1990). Nicht der Pilot, sondern das technisch Machbare stand im Vordergrund. Sicherheitssysteme, die riskante Manöver verhindern sollen, wurden eingebaut, z. B. Stallpro-
tectionsysteme, um einen Strömungsabriss, und Speedprotectionsysteme, um zu hohe Geschwindigkeiten zu verhindern. Die menschliche Steuerung wurde mehr und mehr durch
eine automatische Steuerung in Form von Autopiloten und Flight Management Systemen
ersetzt, wobei sich die Rolle des Piloten vom *aktiv* Handelnden zum *passiv* Überwachenden wandelte. Die neue Rolle wird als *Supervisory Control* (Sheridan 1997) bezeichnet.
Der Pilot programmiert und überwacht die Systeme, die für ihn die Steuerung des Flug-
prozesses übernehmen. Steuerungssysteme lesen den Zustand des zu steuernden Prozesses
über Sensoren und manipulieren diesen über Aktuatoren.

Die Ironie beginnt damit, dass im Notfall von den Piloten verlangt wird, dass sie in die
automatische Steuerung eingreifen und ggf. manuell übernehmen. Diese Sichtweise ist
nicht konsistent mit der Vorstellung, dass der Mensch das schwächste Glied im Flugablauf

ist. Besonders kritisch ist, dass die Piloten vor allem in Flugphasen entlastet werden, in denen die Arbeitslast ohnehin bereits gering ist, z. B. im wenig anspruchsvollen Streckenflug durch völlige Reduzierung des körperlich-handwerklichen Aufwands. In kritischen Phasen mit hoher Arbeitslast (z. B. beim Start- oder Landeabbruch) hingegen wird die Belastung durch die oft kontraintuitive Bedienung der Automatik verstärkt (Sarter und Woods 1995).

Diese Situation lässt sich in ähnlicher Weise auf alle hochautomatisierten Bereiche beziehen, in denen die Aufgabe darin besteht, einen Prozess (z. B. Fertigungsprozess, Fahrprozess, Stromversorgung) zu überwachen und zu steuern. Bainbridge (1983) zeigt vier Ironien der Automatisierung auf:

- **Ironie 1:** Menschen werden von Entwicklern als wesentliche Fehlerquelle betrachtet und deshalb durch Automatisierung ersetzt. Allerdings sind auch die Entwickler Menschen und damit anfällig für Fehler, in ihrem Fall für Entwicklungsfehler. Dies führt dazu, dass eine Reihe operativer Fehler tatsächlich auf Entwicklungsfehler zurückgeführt werden können.
- **Ironie 2:** Aufgaben, die sich (derzeit) nicht automatisieren lassen, eventuell weil sie zu komplex sind und sich nicht vollständig a-priori spezifizieren lassen, werden auf den Menschen, also auf das schwächste Glied in der Prozesskontrolle übertragen.
- **Ironie 3:** Der Mensch wird durch Automatisierung ersetzt, weil die Systeme die Aufgaben besser durchführen können. Sie/er soll aber weiterhin die Systeme überwachen und prüfen, ob sie korrekt arbeiten. In Störfällen soll der Mensch dann eingreifen und ggf. manuell übernehmen.
- **Ironie 4:** Die zuverlässigsten Automatisierungssysteme erfordern den höchsten Aufwand an Trainingsmaßnahmen, weil sich im täglichen Betrieb keine Gelegenheit für aktive Kontrolle und Auseinandersetzung mit dem System bietet. Unverlässliche Systeme hingegen erfordern regelmäßiges aktives Eingreifen und Hineindenken in die funktionalen Zusammenhänge und erhalten damit die manuellen Kontrollfähigkeiten aufrecht, was den Trainingsaufwand reduziert.

Die Ironien zeigen, dass Entwickler dem Menschen implizit eine sehr wichtige Rolle auferlegen. Allerdings geschieht dies oft ohne sie/ihn mit geeigneten Mitteln auszustatten, die notwendig wären, um die Rolle zu erfüllen. Ein wichtiger Aspekt ist beispielsweise die Gestaltung der Mensch–Maschine Interaktion, um ein adäquates Situationsbewusstsein zu unterstützen. Hier müsste sichergestellt werden, dass der Operateur zu jedem Zeitpunkt die notwendige Information über den Zustand des Prozesses und die Kontrolleingriffe der Automatisierungssysteme in intuitiver Weise erhält. Der Trend geht eher dahin, dass der Mensch mehr und mehr aus der Kontrollschleife herausgenommen und eine zunehmende Distanz zum tatsächlichen Kontrollprozess geschaffen wird. Dadurch gehen praktische Kenntnisse darüber verloren, wie der Prozess zu steuern ist (Wiener und Curry 1980). Es findet eine Erosion manueller Fähigkeiten und intimer Kenntnisse über das Verhalten und die Steuerung der Prozesse statt. Diese Fähigkeiten und Kenntnisse sind aber essentiell, um in Störfällen effektiv eingreifen zu können.

Unbestritten ist sicherlich, dass die Einführung moderner Automatisierungssysteme zur Erhöhung der Sicherheit beigetragen hat. Dennoch muss festhalten werden, dass eine neue Qualität von Fehlern hervorgebracht wurde, die weitgehend ein Resultat der aufgezeigten Ironien sind. Stichwörter sind hier Automation Surprises (Sarter et al. 1997), Lack of Understanding (Endsley 1996), Mode Confusion (Norman 1981; Degani et al. 1999), Complacency (Parasuraman und Manzey 2010), Skill Degradation (Sherman 1997), Out-of-the-loop Effects (Endsley und Kiris 1995), Automation Misuse, Disuse, Abuse (Parasuraman und Riley 1997). In Unfall- und Vorfallberichten wird dann oft von „menschlichem Fehlverhalten" oder „Fehlbedienungen" gesprochen. Allerdings sind diese Fehler häufig nicht ursächlich auf den menschlichen Operateur zurückzuführen, sondern vielmehr auf ein Missverständnis menschlicher Fähigkeiten durch die Entwickler von Automatisierungssystemen bzw. auf eine unzureichenden Entwicklungsphilosophie kombiniert mit unvollständigen Entwicklungsprozessen und -werkzeugen, die den Faktor Mensch ignorieren oder nur unzulänglich berücksichtigen.

Automatisierung ohne explizite und systematische Berücksichtigung des Menschen kann nicht funktionieren. Ziel sollte es sein, ein Gesamtsystem bestehend aus Automatisierungssystemen und menschlichen Operateuren zu entwickeln, welches im *Zusammenspiel* seine Aufgaben, z. B. die Überwachung und Steuerung eines industriellen Fertigungsprozesses, verlässlich und sicher erfüllt. Dieses Gesamtsystem wird weiter unten als Mensch–Maschine Team weiter ausgeführt. Die Rolle der involvierten Menschen muss explizit unter Berücksichtigung eines tiefen Verständnisses der menschlichen Kognition entworfen werden. Das steigende Interesse an Methoden zur Berücksichtigung des Faktors Mensch in der Automatisierung zeigt, dass das Problem generell als relevant wahrgenommen wird. In der Forschung zeichnen sich vielversprechende Lösungsansätze ab, die allerdings noch Eingang in die industrielle Praxis finden müssen. Eine Voraussetzung dafür ist, dass, auf der einen Seite, Entwickler etwas über den Faktor Mensch lernen und dass, auf der anderen Seite, Human Factors Experten die Sprache der Entwickler sprechen. Die Werkzeuglandschaften der beiden Gruppen müssen integriert werden, sodass es für Entwickler einfacher wird, bereits in den frühesten Phasen der Entwicklung Anforderungen des Menschen systematisch zu berücksichtigen und in den folgenden Schritten konsequent umzusetzen. Zunächst gilt es jedoch, einige grundsätzliche Fragen bzgl. der Rolle des Menschen zu klären.

Die Rolle des Menschen in der Automatisierung

Wenn man akzeptiert, dass der Mensch eine entscheidende Rolle bei der Überwachung und Steuerung industrieller Prozesse spielt, dann muss man sich fragen, unter welchen Voraussetzungen er die Rolle bestmöglich ausfüllen kann. Bereits bei der Aufgabenaufteilung, also der Entscheidung, welche Funktionalität die Maschine haben soll, müssen (1) Fähigkeiten und Schwächen der menschlichen Operateure, (2) Möglichkeiten und Grenzen der Automatisierung sowie (3) das sinnvolle Zusammenspiel von Mensch und Maschine berücksichtigt werden.

Eine einfache Philosophie für die Automatisierung wäre, die Stärken sowohl der Menschen (what can men do better than machines) als auch der (zu entwickelnden) Maschinen (what can machines do better than men) zu analysieren und dann entsprechend die Aufgaben zuzuweisen (Fitts 1951). Fitts (1951) hat diese Stärken in einer Liste, die auch als MABA–MABA (Men Are Better At – Machines Are Better At) bezeichnet wird, zusammengefasst. Vereinfacht dargestellt sind demnach Menschen besser in vielen Aspekten der Entdeckung (kleinster Veränderungen), der Wahrnehmung, der Beurteilung, der Induktion, der Improvisation und des langfristigen Speicherns und Erinnerns von Information. Maschinen sind besser in vielen Aspekten der Geschwindigkeit, der Anwendung starker Kräfte, der Durchführung sich fortwährend wiederholender Aufgaben, der komplexen Berechnung/Deduktion, des Multitasking und des kurzfristigen Speicherns und Abrufens von Information. Beispielsweise zeigen zahlreiche Studien (siehe z. B. Warm et al. 1996), dass es für Menschen unmöglich ist, über lange Zeit aufmerksam einen Prozess zu überwachen, bei dem wenig passiert. Einige Studien weisen auf eine maximale Aufmerksamkeitsspanne von einer halben Stunde (Mackworth 1950). Menschen sind hingegen gut darin kreative Lösungen zu „erfinden" in Situationen für die kein vorgefertigter Plan vorliegt. Diese Fähigkeit kann aber mit zunehmendem Zeitdruck abnehmen. Zeitdruck führt dazu, dass Menschen auf bewährte Lösungen bzw. einfache Heuristiken zurückgreifen (Simon 1955; Zsambok et al. 1992; Gigerenzer et al. 1999). Diese Heuristiken sind optimal angepasst an wiederkehrende Bedingungen. In völlig neuen Situationen können sie jedoch zu Fehlurteilen und gefährlichen Fehlhandlungen führen (Frey und Schulz-Hardt 1997; Javaux 1998; Lüdtke und Möbus 2004).

Nimmt man Fitts' Liste wörtlich, dann würde man lediglich die Fähigkeiten automatisieren, bei denen Maschinen den Menschen überlegen sind und der Mensch würde weiterhin seine Stärken einbringen können. Diese Aufteilung würde akzeptieren, dass Menschen eine entscheidende Rolle spielen und in einigen Aspekten den Maschinen überlegen sind. Dennoch betrachtet Fitts diese Zuweisung als problematisch, weil weitere Faktoren eine entscheidende Rolle spielen, wie beispielsweise die Zufriedenheit, Motivation und auch das Ansehen sowie Selbstverständnis der involvierten Menschen. Weiterhin berücksichtigt diese starre Aufgabenaufteilung, immer noch nicht, dass Fähigkeiten sowohl der Menschen als auch Maschinen von der konkreten Situation abhängig sind, z. B. von den situativen Herausforderungen und der induzierten Aufgabenschwierigkeit bzw. der induzierten Arbeitslast. MABA–MABA berücksichtigt nicht, dass in Abhängigkeit von der Situation Maschinenaufgaben dynamisch vom Mensch übernommen werden müssen (oder umgekehrt) und dass hierfür ein adäquates Situationsbewusstsein geschaffen sowie adäquate manuelle Fertigkeiten erhalten werden müssen. Fitts' Sichtweise behebt somit nicht die eingangs erläuterten Ironien der Automatisierung (Wiener und Curry 1980; Rouse 1981).

Eine möglicher Beitrag zur Lösung des Problems sind beispielsweise unterschiedliche Automatisierungsgrade (Parasuraman et al. 2000). Man spricht auch von adaptiver Automatisierung (Opperman 1994; Byrne und Parasuraman 1996). Die Grade in einem Steuerungssystem können sich von vollständig manuell bis vollständig autonom erstrecken. Dazwischen werden bestimmte Aufgaben vom Menschen und andere von der Maschine übernommen. Wesentlich dabei ist, dass die Aufteilung nicht fix sondern dynamisch ist. Abhängig von der Situation können Übergänge entweder automatisch durch die Maschine (z. B. Übergabe an den Menschen, wenn Performanzgrenzen der Automatik erreicht werden) oder durch den Menschen initiiert werden. Diese Aufteilung ermöglicht z. B. den Menschen bestimmte Aufgaben selbst zu übernehmen, um manuelle Fähigkeiten aufrecht zu erhalten.

Die Einführung gestufter Automatisierungsgrade schafft eine wesentliche Voraussetzung für den Ausweg aus dem Automatisierungsdilemma. Das Konzept sieht explizit vor, dass die Kontrolle zwischen Mensch und Maschine wechseln kann. Damit rückt neben der grundsätzlichen Aufgaben*aufteilung* die Gestaltung der Aufgaben*übergabe* in den Vordergrund. Wenn der Mensch in bestimmten Situationen übernehmen soll, dann muss er dazu auch in die Lage versetzt werden, z. B. indem er bei bestimmten Aufgaben ausreichend in der Kontrollschleife gehalten oder rechtzeitig in die Schleife zurückgeholt wird. Die Frage ist also, wieweit der Mensch in die Aufgabe eingebunden werden bzw. über den Aufgabenverlauf informiert werden muss, sodass er ausreichend Situationsbewusstsein hat, um ggf. einzugreifen. Es ist zu berücksichtigen, dass die reine Überwachung einer Aufgabe weniger Situationsbewusstsein schafft als die aktive Durchführung.

Was muss der Mensch über die Maschine und den aktuellen Zustand des Kontrollprozesses wissen? Wie kann die Maschine dieses Wissen an den Menschen geeignet kommunizieren? Diese Fragen verschieben den Fokus der Automatisierung von der reinen Betrachtung der technischen Funktionalität hin zur Betrachtung des Zusammenspiels zwischen Mensch und Maschine. Diese Fokusverschiebung erfordert ein neues Verständnis des Entwicklungsgegenstandes. Der Entwicklungsgegenstand ist nicht länger das isolierte Automatisierungssystem. Die im Folgenden beschriebene Teamperspektive nimmt das Konzept der dynamischen Aufgabenaufteilung auf und bietet eine vielversprechende wenn nicht sogar notwendige Voraussetzung für die Auflösung des Automatisierungsdilemmas.

Teamperspektive für die Automatisierung

Eine sinnvolle Perspektive auf die Automatisierung komplexer Aufgaben ist die Betrachtung von Mensch und Maschine als Team (Mensch–Maschine Team, MMT). Diese Perspektive wurde bereits von Christoffersen und Woods (2002) sowie von Klein et al. (2004) vertreten. Dabei werden Mensch und Maschine als Gesamtsystem verstanden. Gesamtsystem bedeutet, dass Mensch und Maschine gemeinsam eine Menge von Aufgaben bearbeiten, um ein gemeinsames Ziel zu erreichen. Unteraufgaben werden je nach den situativen Erfordernissen dynamisch auf Mensch und Maschine verteilt.

In einem guten Team liegt ein wesentlicher Schwerpunkt auf der Kommunikation zwischen den Teammitgliedern. Kenntnisse über Fähigkeiten, Aktivitäten, Rollen und Pläne der anderen sind essentielle Bestandteile eines guten Situationsbewusstseins innerhalb eines Teams. In einem Team unterrichten sich Teammitglieder über ihre Pläne und stimmen sich gegenseitig ab. Man weiß, was der andere vorhat, welche Rolle er im Gesamtsystem gerade spielt und welche er generell spielen kann. Es muss eine entsprechende Kommunikation stattfinden, um gegenseitiges Verstehen herzustellen.

Klein et al. (2004) postulieren zehn Herausforderungen für die Entwicklung von Automatisierungssystemen, die als Teamplayer agieren können. Diese Herausforderungen basieren auf der Annahme, dass Teammitglieder einen sogenannten Common Ground, also ein *gemeinsames Verständnis* der Arbeitssituation haben müssen. Dies beinhaltet beispielsweise, dass Maschinen die Operateure rechtzeitig informieren, wenn der Normalbetrieb des Prozesses ungewöhnliche Kontrolleingriffe erfordert und sich somit eine Störung abzeichnet. In diesen Situationen kann die Maschine den Menschen in die Kontrollschleife zurückholen und so ein Bewusstsein für die Kontrollsituation herstellen, welches durch reinen Informationsaustausch z. B. über Displays nicht vermittelbar ist. Auf diese Weise kann eine gemeinsame Problemlösung betrieben und ggf. ein Übernehmen durch den menschlichen Operateur vorbereitet werden.

Ein weiterer Aspekt der konsequenten Umsetzung des Teamkonzeptes beinhaltet, dass das Verhalten der Maschinen für den Menschen nachvollziehbar und vorhersagbar sein muss. Das bedeutet, dass die Automatik Methoden und Kriterien anwenden muss, die für die Operateure nachvollziehbar sind. Auch die Geschwindigkeit muss in bestimmten Situationen an die Verarbeitungsgeschwindigkeit der Menschen angepasst werden. Die Teamperspektive erfordert also in manchen Situationen Vorgehensweisen, die nicht maximal effizient sind, die aber wesentlich die Sicherheit des Gesamtsystems erhöhen (Bainbridge 1983). In der Gesamtbetrachtung führt dies zu einer stabileren Funktionalität des Gesamtsystems mit weniger Ausfällen und damit weniger Stillstand, sodass sich dieser Kompromiss letztendlich auszahlt.

Die Realisierung von MMTs erfordert eine neue Herangehensweise an die Entwicklung von Automatisierungssystemen. Nicht die einzelne Maschine sollte im Zentrum der Entwicklung stehen, sondern das Gesamtsystem. Das bedeutet, dass zunächst überlegt werden muss, welche Aufgaben das Gesamtsystem bearbeiten soll. Diese Aufgaben müssen in Teilaufgaben zerlegt und weiter spezifiziert werden. Strategien zur dynamischen Aufgabenallokation auf die einzelnen Akteure des Gesamtsystems müssen definiert und systematisch im Hinblick auf Lastverteilung und Sicherheit untersucht werden. Strategien zur Kommunikation zwischen Menschen und Maschinen müssen definiert und im Hinblick auf ein adäquates verteiltes Situationsbewusstsein analysiert werden.

Vorgehensmodell zur Entwicklung von Mensch–Maschine Teams

Die Teamperspektive inklusive der dynamischen Aufgabenallokation stellt besondere Herausforderungen an die Entwickler. Die Dynamik der Systemkonfiguration (definiert beispielsweise durch: wer macht zurzeit welche Aufgabe, wer kann welche Aufgaben übernehmen, wer hat welche Information) bewirkt eine hohe Systemvarianz. Für die Evaluation des Systems bedeutet dies, dass eine sehr große Menge von Testszenarien bewältigt werden muss. Klassischerweise werden Human Factors Aspekte, also z. B. das Situationsbewusstsein der Operateure, durch Probandentest empirisch in Simulationen oder mittels

Wizard-of-Oz Techniken (Dahlback et al. 1993) getestet. Die hohe Systemvarianz verlangt nach neuen Methoden, die ein effizienteres Vorgehen erlauben.

Die Entwicklung von Software für die technische Funktionalität wird in der Industrie im Falle sicherheitskritischer Anwendungen meist mit systematischen Ingenieurmethoden durchgeführt; das bedeutet: rigorose Modellierung von Anforderungen, formale Spezifikation der Funktionen, weitgehend formaler Test, ob die Spezifikation die Anforderungen erfüllt sowie Tests der Implementierung in bereits früh definierten Testszenarien und schließlich formale Sicherheitsanalysen (z. B. Fehlerbaumanalyse, Ereignisbaumanalyse). Die Mensch–Maschine Interaktion wird hingegen oft ad-hoc zum Schluss „draufgesetzt" ohne eine auch nur im Ansatz vergleichbare systematische Vorgehensweise. Oft sind bereits die initialen Anforderungen unklar bzw. nur sehr abstrakt und unspezifisch formuliert. Das bedingt in der Praxis zum Teil ein ineffizientes Trial&Error-Vorgehen, bei dem Prototoyen der Mensch–Maschine Interaktion iterativ ohne klaren Entwurfsprozess gebaut und dann getestet werden.

Dabei können Human Factors Aspekte von Mensch–Maschine Systemen, oder besser MMTs, ähnlich konsequent und systematisch entwickelt werden wie die technische Funktionalität. Hier bietet der Bereich des Cognitive Engineering adäquate Methoden und Werkzeuge. Cognitive Engineering ist eine wissenschaftliche Disziplin mit dem Ziel, Wissen und Techniken zur Unterstützung der Entwicklung von Mensch–Maschine Systemen nach kognitiven Prinzipien zur Verfügung zu stellen (Woods und Roth 1988). Das zugehörige Forschungsspektrum reicht von Studien zur empirischen Untersuchung kognitiver Prinzipien bis hin zur Entwicklung von Methoden und Werkzeugen zur Anwendung der Prinzipien. Es handelt sich um eine angewandte Disziplin, die auf Theorien und Methoden sowohl aus der Psychologie als auch aus der Informatik zurückgreift (Card et al. 1983). Cognitive Engineering legt Wert auf eine formale und weitgehend objektive Vorgehensweise. In der Praxis hängt die Anwendbarkeit der Methoden des Cognitive Engineering wesentlich davon ab, inwieweit sie zu den gängigen Methoden der technischen Entwicklung konsistent sind und sich in oder mit diesen integrieren lassen.

Im Folgenden wird ein Vorgehensmodell (vgl. Tab. 1, stark verkürzte Darstellung) skizziert, welches als Rahmen zur holistischen Entwicklung von MMTs und damit zur Integration der Entwicklung der Automatisierungssysteme und der Human Factors Aspekte verwendet werden kann.

Auf der obersten Ebene besteht das Vorgehensmodell aus den vier Bestandteilen MMT Komposition, MMT Kooperation, MMT Interaktion und MMT Schnittstelle. Jeder Bestandteil bezeichnet einen Entwicklungsgegenstand. Die *Komposition* bestimmt die generellen Aufgaben des MMT, die Anzahl und Typen der notwendigen Akteure (Operateure und Maschinen) und die Anzahl und Typen der notwendigen Ressourcen. Die *Kooperation* bestimmt, wer mit wem gemeinsam Aufgaben bearbeitet und wer ggf. Aufgaben von anderen Akteuren übernehmen soll. Die *Interaktion* bestimmt, welche Akteure miteinander über welche Inhalte mittels welcher Modalitäten kommunizieren. Die *Schnittstelle* bestimmt die konkrete Ausgestaltung der Interaktionsschnittstellen zwischen Mensch und Maschine (z. B. die Gestaltung grafischer Anzeigen), zwischen Mensch und Mensch (z. B.

Tab. 1 Vorgehensmodell für die Entwicklung von Mensch–Maschine Teams (MMT)

MTT Komposition

Anforderungsdefinition

In welcher Umgebung soll das MMT arbeiten?

Welche Aufgaben soll das MMT durchführen? ...

Spezifikation

Welche Ressourcen werden für das MMT benötigt?

Aus welchen Operateuren (Rollen, Skills, ...) und Maschinen soll sich das MMT zusammensetzen? ...

Implementation

Implementierung der Maschinenfunktionalität,

Auswahlkriterien und -verfahren sowie Trainingsprogramme für die Operateure festlegen, ...

Evaluation

Abschätzung, ob die Operateure und Maschinen ausreichen, um die Aufgaben zu bewältigen, ...

MMT Kooperation

Anforderungsdefinition

Welche Akteure sollen zusammenarbeiten?

Welche Akteure sollen welche Aufgaben übernehmen? ...

Spezifikation

Definition der Aufgabenallokation, Übergabestrategien, Kooperationsformen, ...

Implementation

Implementierung der Aufgabenübernahme und -übergabe durch die Maschinen,

Definition von Prozeduren für die Aufgabenübername und –übergabe durch die Operateure, ...

Evaluation

Abschätzung, ob die Aufgabenübernahme und –übergabe sicher und effizient funktioniert, ...

MMI Interaktion

Anforderungsdefinition

Welche Informationen sind zu welchem Zeitpunkt für wen relevant? Wieviel muss der Mensch in welcher Situation über die Maschine wissen? Wieviel muss die Maschine in welcher Situation über den Menschen wissen? ...

Welche Bedienaktionen sind notwendig? ...

Spezifikation

Definition der zu kommunizierenden Informationen, der Interaktionsmodalitäten (z. B. visuell, akustisch, taktil), der Informationsverteilung, der Bedienstrategien, ...

Ggf. Definition der Methoden zur Messung des Zustands der Operateure (z. B. Müdigkeits-, Arbeitslastmessung), ...

Implementation

Implementierung der Informationsbereitstellung und – verteilung,

Realisierung der spezifizierten Interaktionsmodalitäten, der Zustandsmessung, ...

Ausarbeitung und Dokumentation der Interaktionsprozeduren, ...

Evaluation

Abschätzung, ob jeder Akteur die notwendigen Informationen zur richtigen Zeit zur Verfügung hat, ...

Tab. 1 *(Fortsetzung)*

MMT Schnittstelle

Anforderungsdefinition
   Ergonomische Anforderungen laut EN ISO 9241,
   Berücksichtigung der menschlichen Informationsverarbeitung, ...

Spezifikation
   Gestaltung der (z. B. grafischen) Informationsdarstellung, der Bedienelemente, ...

Implementation
   Implementation der Ausgabe- (z. B. Displays) und Bedienelemente (z. B.) auf Seiten der
   Maschinen, ...

Evaluation
   Abschätzung, ob die Schnittstelle eine intuitive, fehlerfreie Mensch–Maschine Interaktion
   erlaubt, ...

Verwendung normierter sprachlicher Formulierungen) sowie zwischen Maschine und Maschine (z. B. Verwendung von Netzwerkprotokollen). Die vier Entwicklungsgegenstände lassen sich unterteilen in die klassischen Entwicklungsphasen Anforderungsdefinition, Spezifikation, Implementation und Evaluation. Die folgende Tabelle zeigt typische Fragestellungen bzw. Entwicklungsschritte der einzelnen Phasen. Dabei sei darauf hingewiesen, dass die Phasen iterativ durchgeführt werden, wobei in jeder Iteration der Entwicklungsgegenstand (Komposition, Kooperation, Interaktion, Schnittstelle) weiter konkretisiert wird. Es handelt sich somit um ein spiralförmiges Vorgehensmodell.

Ein wichtiger Punkt ist die Einbindung der Operateure, z. B. durch Participatory Design (Yamauchi 2012) und Probandentests, in alle Phasen der Entwicklung. Aber im Falle sicherheitskritischer Anwendungen reicht dies nicht aus. Menschen können beispielsweise ihre Anforderungen und Vorlieben nennen, auf Basis von Erfahrungen Entwurfsideen einbringen und schließlich die Auswirkungen und Akzeptanz geplanter Entwicklungen abschätzen. Aufgrund der oben skizzierten Systemvarianz ist es jedoch höchst unwahrscheinlich, dass dabei alle Anforderungen und Auswirkungen aufgedeckt und bewertet werden können. Des Weiteren ist dieses Vorgehen sehr zeitaufwendig und kann nur wenige Male im Entwicklungsprozess praktiziert werden. Darüber hinaus gibt es bei der Überwachung und Steuerung industrieller Prozesse neben dem Operateur weitere wichtige Quellen zur Ermittlung von Anforderungen und Auswirkungen, beispielsweise den Arbeitskontext bzw. die Arbeitsdomäne, die Arbeitsaufgaben, die menschliche Informationsverarbeitung (Kognition), die menschliche Anthropometrie (physikalische und biologische Charakteristika) sowie relevante Human Factors Standards und Leitfäden. Deshalb soll im Folgenden in Ergänzung zur Einbindung der Operateure eine komplementäre modellbasierte Vorgehensweise vorgeschlagen werden.

Die Phase der MMT Anforderungsdefinition, Spezifikation, Implementation und Evaluation lassen sich durch modellbasierte Vorgehensweisen systematisch unterstützen. Mittlerweile gibt es erprobte und bewährte Techniken und Vorgehensweisen für die Modellierung von Mensch–Maschine Systemen, die sich kombiniert mit Participatory Design und

Probandentests in der Praxis anwenden lassen. Ein modellbasiertes Vorgehens hilft dabei, die notwendigen Anforderungsarten systematisch, nachvollziehbar und eindeutig zu erfassen und auf Vollständigkeit, Widerspruchsfreiheit etc. zu analysieren. Bei der Spezifikation helfen Modelle, Entwurfsentscheidungen zu formalisieren und bereits in frühen Entwicklungsphasen gegeneinander anhand bestimmter (Human Factors) Metriken abzuwägen. Einige Werkzeuge bieten die Möglichkeit, Entwurfsspezifikationen (semi-)automatisch in Implementierungsbausteine zu übersetzen. Schließlich können Modelle angewendet werden, um implementierte Prototypen innerhalb einer Simulationsplattform zu testen. Im Rahmen des oben skizzierten Vorgehensmodells lassen sich unterschiedliche Modelltypen anwenden. In vielen Studien erprobt ist die Modellierung der Aufgaben, der Arbeitsdomäne, der menschlichen Informationsverarbeitung sowie der Funktionalität der Maschinen.

Modellierung der Aufgaben   Hierbei werden Aufgaben auf höheren Abstraktionsebenen (z. B. Landen des Flugzeugs) iterativ in Teilaufgaben (z. B. Geschwindigkeit drosseln, Höhe abbauen, auf Kurs fliegen) zerlegt bis auf der untersten Ebene konkrete Aktionen (z. B. Schubhebel positionieren, Landeklappen ausfahren, Fahrwerk ausfahren) erreicht sind. Auf diese Weise entsteht eine Aufgabenhierarchie. Auf jeder Hierarchieebene werden die zeitlichen Abhängigkeiten der jeweiligen Teilaufgaben modelliert. Die Teilzeile und Aktionen innerhalb der Hierarchie können mit Prioritäten (Wichtigkeit/Dringlichkeit des Ziels), Häufigkeiten (Wie oft wird dieses Ziel im Rahmen dieser Aufgabe bearbeitet?) und Fehlerwahrscheinlichkeiten (Wahrscheinlichkeit, dass das Ziel nicht korrekt bearbeitet wird) annotiert werden. Ein Aufgabenmodell ist vergleichbar mir einem Kochrezept, das festlegt, welche Schritte in welcher Reihenfolge zu tun sind, um das Oberziel, das fertige Gericht, zu erreichen. An einigen Stellen im Rezept gibt es alternative Vorgehensweisen, d.h. dasselbe Unterziel kann mit unterschiedlichen Mitteln erfüllt werden. Die Auswahl einer geeigneten Vorgehensweise ist oft an situative Voraussetzungen gebunden. Um diese Entscheidungspunkte zu modellieren, lassen sich in Aufgabenmodelle Wenn-Dann-Regeln verwenden: *Wenn* Situation S_i *Dann* wähle Vorgehensweise V_j. Aufgabenmodelle beinhalten alle Daten bzw. Informationen, die notwendig sind, um die Aufgaben erfolgreich durchzuführen, z. B. Parameter zur Überwachung des Prozesszustands und Informationen, um an Entscheidungspunkten zwischen Handlungsalternativen zu wählen. Diese Informationen sowie die Annotationen der Ziele liefern essentielle Anforderungen an die Gestaltung der MMT Interaktion und der MMT Schnittstellen, z. B. von grafischen Displays, die zu jedem Zeitpunkt der Aufgabendurchführung die notwendigen Informationen in kognitiv adäquater Darstellungsform präsentieren müssen. Darüber hinaus bilden die Aufgabenmodelle eine wichtige Grundlage um Strategien zur dynamischen Aufgabenallokation innerhalb der Gestaltung der MMT Kooperation zu definieren und zu testen. Zur Aufgabenmodellierung gibt es Techniken und Werkzeuge wie beispielsweise GOMS (Card et al. 1983), HTA (Annett 2004; Stanton 2006), CTA (May und Barnard 2004) und PED (Lenk et al. 2012).

Modellierung der Arbeitsdomäne Da es nicht immer für alle nicht alle Situationen möglich ist, Aufgaben klar zu definieren und manchmal insbesondere im Fehlerfall kreative Vorgehensweisen notwendig sind, muss die Arbeitsdomäne klar verstanden sein und an die menschlichen Operateure zielorientiert über die MMT Schnittstellen kommuniziert werden. Die Arbeitsdomäne umfasst den Prozess, der überwacht und gesteuert werden soll, sowie das gesamte MMT, welches die Überwachung und Steuerung durchführt. Modelliert werden hierbei die Prinzipien und Rahmenbedingungen auf denen die Arbeitsdomäne aufgebaut ist, z. B. die physikalischen Gesetze, die ausgenutzt werden, um das Oberziel (den Zweck, z. B. Fliegen von A nach B) des MMTs zu realisieren. Im nächsten Abschnitt wird die Modellierung der Arbeitsdomäne etwas ausführlicher dargestellt.

Modellierung der Menschen Die Anforderungen der Operateure an eine adäquate MMT Kooperation, Interaktion und Schnittstellengestaltung müssen ermittelt, umgesetzt und evaluiert werden. Zu diesem Zweck müssen insbesondere relevante Aspekte der menschlichen Kognition verstanden werden. Hierzu gehören Fähigkeiten und Grenzen der Wahrnehmung, der Entscheidungsfindung, des Multitasking, sowie der mentalen, visuellen und motorischen Arbeitslast. Um diese Aspekte explizit und sogar ablauffähig zu modellieren, eignen sich kognitive Architekturen (Forsythe et al. 2005) wie beispielsweise ACT-R (Anderson et al. 2004), SOAR (Lewis 2001), CASCaS (Lüdtke et al. 2012) und MIDAS (Corker 2000). Diese Modelle können angewendet werden, um das Verhalten eines Operateurs innerhalb eines MMT, z. B. die Interaktion eines Operateurs mit einer Maschine über eine Mensch–Maschine Schnittstelle, zu simulieren. In der Simulation können unterschiedliche Varianten der Schnittstelle miteinander unter Verwendung geeigneter Human Factors Metriken verglichen werden. Mit heutigen Methoden (und sehr wahrscheinlich auch mit zukünftigen Methoden) ist es (selbstverständlich) nicht möglich, menschliches Verhalten vollständig zu modellieren. Deshalb ist es bei der Auswahl einer kognitiven Architektur wichtig, den Modellierungsfokus und die im Modell vorgenommenen Abstraktionen des menschlichen Verhaltens zu verstehen, um zu entscheiden, welche Architektur für welche Entwicklungsfragestellungen geeignet ist. Um die Simulation zu ermöglichen, muss das Modell in eine Simulationsplattform integriert werden. Zur Anwendung von CASCaS existieren derzeit Simulationsplattformen für Fragestellungen der Entwicklung von Flugzeug- (Lüdtke et al. 2012), Automobil- (Wortelen et al. 2013) und Schiffsbrückensystemen (Sobiech et al. 2014).

Modellierung der Maschinen Weiter oben wurde beschrieben, dass die Entwicklung der Maschinenfunktionalität meist mit systematischen Ingenieurmethoden durchgeführt. Hierzu gehört in vielen Fällen die Modellierung funktionaler Anforderungen, der Funktionsspezifikation, der Systemarchitektur und der Testfälle. Angewendet werden Modellierungssprachen wie UML oder SysML unter Verwendung von Werkzeugen wie MatLab, RTmaps, SCADE oder IBM Rational. In Kombination mit Menschmodellen lassen sich Maschinenmodelle innerhalb von Simulationsplattformen anwenden, um die Mensch–Maschinen Interaktion in einer geschlossen Input–Output Schleife (closed loop) zu simulieren und zu evaluieren. Auf Basis der Modelle kann diese Evaluation bereits in frühen Entwicklungsphasen, wenn noch kein implementierter Prototyp vorliegt, durchgeführt werden.

Die Modellierung kann auf unterschiedlichen Ebenen der Formalisierung betrieben werden. Modellierung kann beginnen, indem Entwickler textuell beschreiben, auf welchen Annahmen ihre Entwürfe basieren. Damit werden diese explizit und lassen sich z. B. in moderierten Workshops hinterfragen und plausibilisieren. Ein weitergehender Schritt ist die Verwendung einer formalen Notation, um bestimmte Annahmen klar und widerspruchsfrei zu beschreiben. Auf Basis der formalen Beschreibung lassen sich Berechnungen anstellen und Vorhersagen analytisch ableiten. Schließlich können ausführbare Modelle erstellt werden, die eine Simulation und damit eine detaillierte Analyse in realistischen Testszenarien erlauben. Die Wahl eines geeigneten Formalisierungsgrads sowie der Umfang als auch die Tiefe der Modellierung hängen u. a. von der Kritikalität der Entwicklungsfragestellung, von den Zertifizierungsanforderungen und den zur Verfügung stehenden Ressourcen ab. Bzgl. der Ressourcen ist unbedingt zu beachten, dass der in frühen Entwicklungsphasen investierte Modellierungsaufwand ein Vielfaches an Test- und Änderungsaufwand in späteren Phasen einspart.

Wie oben bereits erörtert, lassen sich die modellbasierten Verfahren komplementär zu anderen Verfahren wie z. B. Probandentests anwenden, um zwischen Entwurfsalternativen zu entscheiden. Es empfiehlt sich, die modellbasierte Analyse vor den Probandentests durchzuführen. Auf diese Weise können bestimmte Entwurfsschwächen bereits vorher eliminiert werden und der Aufwand für die Tests mit Probanden wird wesentlich verringert. Die modellbasierte Simulation ermöglicht darüber hinaus eine weitgehend automatische Analyse einer großen Menge von Testszenarien, die wegen des Aufwands mit Probanden gar nicht möglich wäre. Mittels der Simulation lassen sich die besonders kritische Szenarien identifizieren, die dann im nächsten Schritte mit Operateuren weitergehend untersucht werden müssen. Die Kombination von modellbasierten und Probanden-basierten Verfahren ist unbedingt notwendig, da Modelle immer nur eine Abstraktion der Realität abbilden.

Im Folgenden soll exemplarisch die Modellierung der Arbeitsdomäne vertieft dargestellt werden. Hier liefert die Vorgehensweise des Ecological Interface Design eine mächtige Technik, die in der Praxis noch wenig Verbreitung gefunden hat, obwohl praktische Anwendungen bereits 1983 von den Vätern dieses Verfahrens Vicente und Rasmussen eindrucksvoll aufgezeigt wurden.

Ecological Interface Design

Ecological Interface Design (EID) ist eine Methode zur Modellierung von Arbeitsdomänen (Vicente und Rasmussen 1992; Vicente 2002; Burns und Hajdukiewicz 2004). Bei der Entwicklung von MMTs zur Überwachung und Steuerung industrieller Prozesse ist zunächst der Prozess ein wesentliches Element der Arbeitsdomäne, darüber hinaus gehören aus Sicht der Operateure auch die Automatisierungssysteme dazu. Während mit

Aufgabenmodellen das Verhalten in wohldefinierten Situationen festgelegt wird, werden Arbeitsdomänenmodelle zur Unterstützung der Prozessüberwachung- und Steuerung in unerwarteten Situationen, wie z. B. bei unerwarteten Prozessstörungen, erstellt. In so einem Fall müssen die Operateure ein klares Verständnis des Prozesses haben, um den oder die Fehler zu detektieren, zu diagnostizieren und Reparaturmaßnahmen einzuleiten. Innerhalb des Vorgehensmodells (Tab. 1) eignet sich EID insbesondere, um Anforderungen für die MMT Schnittstellen abzuleiten. Dabei wird folgende Frage adressiert: Welche Informationen über die Arbeitsdomäne brauchen die Operateure und in welcher strukturellen Form sollten diese dargestellt werden? Hierbei wird dem Automatisierungsdilemma durch explizite Unterstützung eines adäquaten Situationsbewusstseins entgegengewirkt. Das Arbeitsdomänenmodell kann darüber hinaus im Rahmen der MMT Komposition als gemeinsame Grundlage für die Entwicklung sowohl der Automatisierungssysteme als auch des Trainingsmaterials für die Operateure verwendet werden. Damit wird ein weiterer wesentlicher Aspekt des Automatisierungsdilemmas adressiert: wenn Operateure die Systeme überwachen sollen (oder besser, innerhalb eines MMTs mit ihnen kooperieren sollen), dann müssen Mensch und Maschine auf demselben Verständnis des Prozesses aufbauen. Die Operateure werden dann die Vorgehensweise der Maschinen besser nachvollziehen können, was eine wesentliche Voraussetzung für die Realisierung eines funktionierenden MMTs ist.

Zur Modellierung der Arbeitsdomäne werden die Rahmenbedingungen und Prinzipien, auf denen der Prozess beruht, identifiziert und unter Verwendung spezifischer Strukturen beschrieben. Rahmenbedingungen und Prinzipien sind beispielsweise Naturgesetze, auf denen das System beruht, funktionale Zusammenhänge und organisatorische oder rechtliche Vorschriften. Das entstehende Modell beschreibt den Prozess aus einer zielorientieren Perspektive und wird von Anfang an so gedacht, dass es für Operateure nachvollziehbar ist und für das Ziel der Detektion und Analyse unerwarteter Ereignisse verwendet werden kann. EID basiert auf der Annahme, dass Operateure ein mentales Modell des Prozesses bilden. Aus der Analyse einer Vielzahl von Problemlöseprotokollen erfahrener Operateure wurde abgeleitet, dass die Struktur des mentalen Modells oft mehrere Abstraktionsebenen umfasst (Rasmussen 1985). Dabei werden auf höheren Abstraktionsebenen generische funktionale Zusammenhänge und auf unteren Ebenen deren konkrete Umsetzung durch physikalische Komponenten abgebildet. Mittels EID kann ein derart hierarchisches mentales Modell explizit modelliert und mittels geeigneter grafischer Darstellungsformen kommuniziert werden.

Im Folgenden wird zunächst die Abstraktionshierarchie detaillierter vorgestellt und anschließend aufgezeigt, wie sie sich nutzen lässt, um den Entwurf der Mensch–Maschine Schnittstelle anzuleiten.

Abstraktionshierarie als mentales Modell der Arbeitsdomäne   Als durchgängiges Beispiel zur Vorstellung der Abstraktionshierarchie wird die grobe Strukturierung eines Flugzeugs verwendet. Der zu überwachende und zu steuernde Prozess ist das Fliegen von Flughafen A zum Flughafen B. Dieser Prozess wird von Maschinenagenten, z. B. Autopilot, Flight Management Systeme, und den beiden Piloten durchgeführt. Im Folgenden ist mit dem Begriff System das Flugzeug mit den Automatisierungssubsystemen gemeint. Die Abstraktionshierarie umfasst fünf Stufen:

1. **Funktionaler Zweck:** Dies ist der Zweck, für den das System entwickelt wurde. Der Zweck eines Flugzeugs ist, Passagiere von A nach B zu transportieren. Zusätzlich werden Kriterien definiert, um einzuschätzen, ob das System korrekt arbeitet: Die Passagiere sollen sicher und ohne Zeitverlust transportiert werden.

2. **Abstrakte Funktion:** Dies sind die grundlegenden Gesetze, auf denen das System beruht. In den meisten Fällen handelt es sich um physikalische Gesetze zur Berechnung von Masse, Energie und Informationen. Weitere Gesetze zur Beschreibung der abstrakten Funktion sind organisatorische Prinzipien und rechtliche Rahmenbedingungen. Für das Flugzeug gelten u. a. die physikalischen Gesetze der Bewegung von Masse, der Erzeugung von Kraft und der Energieerhaltung. Beispielsweise geht Energie grundsätzlich nicht verloren, sondern wird lediglich umgewandelt, z. B. von potentieller in kinetische Energie (und umgekehrt).

3. **Generalisierte Funktion:** Dies sind die Grundfunktionen, welche die physikalischen Gesetze der abstrakten Funktion realisieren. Beim Flugzeug sind dies die Grundfunktionen, die genutzt werden, um beim Landen kinetische Energie und Höhe abzubauen, um schließlich sicher auf der Landebahn aufzusetzen. Während die abstrakte Funktion lediglich die Gesetze nennt, wird hier beschrieben, welche Funktionen in welcher Abfolge zur Anwendung kommen. Hier wird also über die gesetzmäßigen Zusammenhänge hinaus der Fluss von Masse, Energie und/oder Informationen berücksichtigt. Das Flugzeug besitzt potentielle Energie, die beim Landeanflug abgebaut werden muss. Das Flugzeug hat Vorrichtungen zur Verringerung der Höhe, zur Verringerung der Geschwindigkeit und zur Aufrechterhaltung des Auftriebs. Diese Vorrichtungen müssen zum richtigen Zeitpunkt adäquat koordiniert werden, sodass potentielle Energie abgebaut wird, ohne dass der Auftrieb verloren geht. Auf der Ebene der generalisierten Funktion wird die zeitliche Abfolge mit den herrschenden Input–Output-Beziehungen beschrieben: Potentielle Energie wird durch Sinken des Flugzeugs abgebaut, dabei steigt die Geschwindigkeit. Der Geschwindigkeitsanstieg muss durch Vorrichtungen zur Drosselung der Treibstoffzufuhr und Veränderung der Luftströmung kompensiert werden; Geschwindigkeitsverlust muss durch Vorrichtungen zur Aufrechterhaltung des Auftriebs kompensiert werden; etc. In einem industriellen Fertigungsprozess wird auf dieser Ebene der Fluss und die Umformung der Rohlinge durch generische Funktionen wie erhitzen, kühlen, formen, schleifen, pressen und walzen beschrieben.

4. **Physikalische Funktion:** Hier werden die physikalischen Systemkomponenten eingeführt und hinsichtlich ihrer Charakteristika beschrieben. Während im Rahmen der generischen Funktion lediglich von Vorrichtungen zur Verringerung der Höhe gesprochen wird, wird hier beschrieben, wie diese Vorrichtungen konkret realisiert sind. Die Verringerung der Höhe wird beispielsweise durch Bewegen des Höhenruders erreicht. Die physikalische Funktion des Höhenruders besteht in der Rotation nach oben und unten.

5. **Physikalische Form:** Hier werden die physikalischen Systemkomponenten bzgl. ihrer physikalischen Erscheinung beschrieben: Form, Größe, Farbe, Position und Material. Z.B. befindet sich das Höheruder am Heckleitwerk. Welche weiteren Informationen modelliert werden sollen, hängt davon ab, ob sie für das Modellierungsziel – Unterstützung der Detektion und Analyse unerwarteter Ereignisse – relevant sind.

Anders als bei einer klassischen Teil-Ganzes-Hierarchie sind die Ebenen durch eine Ziel-Mittel Relation aufeinander bezogen: der funktionale Zweck wird unter Ausnutzung der physikalischen Gesetze (abstrakte Funktion) realisiert; hierzu müssen diese Gesetze durch bestimmte generalisierte Funktionen in einer bestimmten Reihenfolge zur Anwendung gebracht werden; diese Funktionen werden realisiert durch physikalischen Systemkomponenten, die zunächst bzgl. ihrer physikalischen Funktionen und dann hinsichtlich ihrer physikalischen Eigenschaften, welche die Funktionen hervorbringen, beschrieben werden. Diese Art der Strukturierung soll die Operateure bei der Problemlösung unterstützen. Wenn ein System korrekt funktioniert, sind die Prinzipien und Rahmenbedingungen auf allen Ebenen und die Beziehungen zwischen den Ebenen erfüllt. Im Fehlerfall sind einige verletzt. Eine wesentliche Komponente der Fehlerdetektion besteht in der Identifikation solcher Verletzungen. Die Abstraktionshierarchie erlaubt auf Basis der Ziel-Mittel-Relation ein systematisches „hineinzoomen" in das System. Ein Fehler zeigt sich meist an der Oberfläche darin, dass ein bestimmter Systemzweck nicht mehr vollständig erfüllt ist. Von dort können auf der nächsten Ebene die physikalischen Gesetze ermittelt werden, welche verletzt sind, weil bestimmte Grundfunktionen nicht korrekt erfüllt werden, was z. B. auf den Ausfall einer physikalischen Funktion und damit auf eine oder mehrere Komponenten zurückzuführen ist. Aufgrund des „hineinzoomens" von abstrakten zu konkreten Ebenen, müssen lediglich die physikalischen Komponenten betrachtet werden, die zu den nicht mehr erfüllten Grundfunktionen beitragen. Auf diese Weise ermöglicht das Modell ein zielorientiertes und effizientes Problemlösen und damit eine schnellere Einleitung von Reparaturmaßnahmen.

Informationsdarstellung unter Berücksichtigung der menschlichen Informationsverarbeitung   Wie lassen sich die innerhalb der Abstraktionshierarchie repräsentierten Zusammenhänge über die MMT Schnittstelle kommunizieren? Diese Frage betrifft die Präsentationsform. Zur Herleitung der Form stützt sich EID auf die drei von Rasmussen definierten Ebenen der Informationsverarbeitung (Rasmussen 1983): Fähigkeits- (Skill), Regel- (Rule) und Wissens- (Knowledge)basierte Informationsverarbeitung. Es handelt sich um eine Taxonomie, welche Informationsverarbeitung anhand der verarbeiteten Informationstypen, der involvierten Wissensstrukturen und der involvierten mentalen Ressourcen klassifiziert.

Die Fähigkeits-basierte Ebene wird aktiviert, wenn die aus der Umgebung wahrgenommenen Informationen als Signale (Signals) innerhalb eines Raum-Zeit Kontinuums interpretiert werden. Dann werden unbewusst motorische Muster angewendet, die in der Vergangenheit gelernt wurden und in „Fleisch und Blut" übergegangen sind. Dabei handelt es sich meist um Regulierungsprozesse, bei denen ein räumliches Ziel über die Zeit erreicht und beibehalten werden muss, z. B. das Lenken eines Autos innerhalb der Fahrbahnmarkierungen. Räumliche Abweichungen werden wahrgenommen und es wird regelnd gegengesteuert. Die verwendeten Wissensstrukturen stellen eine enge Kopplung zwischen Wahrnehmung und Motorik her. Die Regel-basierte Ebene wird aktiviert, wenn die wahrgenommenen Informationen als Zeichen (Signs) interpretiert werden. Die Zeichen weisen darauf hin, dass die aktuelle Situation bereits in der Vergangenheit (mehrmals) erfolgreich bewältigt wurde. Die erfolgreiche Bearbeitung wurde als rezeptartige Handlungsanleitung mental gespeichert und kann nun abgerufen und erneut Schritt für Schritt angewendet werden. Die Abarbeitung der Handlungsanleitung wird zumindest teilweise bewusst durchgeführt, weil es Entscheidungspunkte geben kann, an denen auf Basis der aktuellen Situationsvarianz zwischen mehreren Möglichkeiten gewählt werden muss. Die Wissensbasierte-Ebene wird aktiviert, wenn die aktuelle Situation neu ist und die wahrgenommen Informationen als Symbole (Symbols) interpretiert werden. Es sind keine fertigen Lösungen mental gespeichert und deshalb muss die Situation analysiert und Lösungen z. B. mittels mentaler Simulation oder durch Analogie erfunden werden. Hierbei wird bewusstes, analytisches Problemlösen auf Basis einer mentalen Repräsentation der Arbeitsumgebung betrieben.

Die Fähigkeits-basierte Ebene erfordert wenig kognitive Ressourcen. Während auf der Wissens-basierten Ebene auf einen reichhaltigen Wissensbackground zurückgegriffen wird. Welche Ebene in einer konkreten Situation aktiviert wird, hängt von den Eigenschaften der durchzuführenden Aufgabe, der Erfahrung des Operateurs und von der Form der Informationen ab. Die Mensch–Maschine Schnittstelle sollte es dem Operateur erlauben, Aufgaben auf einer unteren Informationsverarbeitungsebene zu bearbeiten. Andererseits müssen auch höhere Ebenen unterstützt werden, da die mentale Verarbeitungsebene eben nicht nur von der Informationspräsentation abhängt. Folglich sollte die Schnittstelle so gestaltet werden, dass beim Operateur jeweils die mentale Ebene angesprochen wird, die für die aktuelle Aufgabe unter den gegebenen Kenntnissen und Fähigkeiten der handelnden Person angemessen ist. Folgende Leitlinien für den Schnittstellenentwurf (im Folgenden Displayentwurf) lassen sich aus der Rasmussen Taxonomie ableiten (vgl. Vicente und Rasmussen 1992).

Unterstützung Fähigkeits-basierter Verarbeitung Der Operateur muss die Möglichkeit haben, Objekte auf dem Display zu manipulieren, als würde sie/er direkt mit dem realen Objekt arbeiten. Dabei werden reale Objekte durch das Bewegen angezeigter Icons räumlich und zeitlich bewegt. Die dargestellte Information muss die räumliche und zeitliche Anordnung realer Objekte widerspiegeln, sodass motorische Verhaltensmuster auf der Fähigkeits-basierten Ebene aktiviert werden können. Damit mit zunehmender Übung, Einzelbewegungen zu komplexen Bewegungsabfolgen integriert werden können, muss die angezeigte Struktur isomorph zu Elementarbewegungen und deren Zusammenfassung zu komplexen Handlungsmustern sein. Dies kann durch einen hierarchischen Aufbau des Displays erreicht werden, bei dem angezeigt wird, wie sich Informationen auf höheren Aggregationsebenen durch Einzelinformationen auf niedrigeren Aggregationsebenen zusammensetzen (Flach und Vicente 1989). Auf diese Weise sind unterschiedlich Aggrega-

tionsstufen zur selben Zeit sichtbar und der Operateur kann seine Aufmerksamkeit auf die
Ebene richten, die seinem Erfahrungsgrad entspricht.

Unterstützung Regel-basierten Verhaltens   Das Display sollte ein konsistentes ein-zu-
eins Mapping zwischen angezeigten Zeichen und den Prinzipien und Rahmenbedingungen der Arbeitsdomäne zeigen. D.h. die angezeigten Zeichen müssen zu jedem Zeitpunkt
eindeutig den Systemzustand reflektieren. Hier eignet sich in vielen Fällen eine Darstellung des Zustands auf der Ebene der abstrakten oder generalisierten Funktion (siehe z. B.
Amelink et al. 2005). Überwachungs- und Steuerungsregeln werden in der Praxis jedoch
oft auf einer physikalischen Ebene definiert. Das kann dazu führen, dass die Operateure
nicht verstehen, wie diese Regeln mit den Systemfunktionen bzw. mit dem Systemzweck
verbunden sind. Deshalb sollten Regeln auf unterschiedlichen Ebenen sowie deren Zusammenhang entlang der Abstraktionshierarchie unterstützt werden. Wichtig ist, dass in
Abhängigkeit der gewählten Abstraktionsebenen die Einflussfaktoren vollständig dargestellt werden. Wenn hier relevante Faktoren nicht angezeigt werden, ist es dem Operateur
nicht möglich, ein vollständiges und unverfälschtes Bild der Arbeitsdomäne zu gewinnen.

Unterstützung Wissens-basierten Verhaltens   Das Display sollte die Zusammenhänge
der Arbeitsdomäne so anzeigen, dass sie direkt zur Problemlösung angewendet werden
können. Das Display sollte die Abstraktionshierarchie vollständig zur Verfügung stellen
(siehe z. B. Burns 2000). Die Schnittstelle sollte das „Hineinzoomen" in die Arbeitsdomäne durch geeignete Verlinkungsstrukturen zwischen den Abstraktionsebenen unterstützen. Auf diese Weise kann der Operateur zielorientiert die komplexitätsreduzierende Eigenschaft der Hierarchie nutzen, um Fehlerhypothesen zu explorieren.
     Diese Richtlinien liefern Grundlagen zur Gestaltung des Inhalts und der Struktur der
MMT Schnittstelle auf Basis eines Verständnisses der menschlichen Informationsverarbeitung. EID bietet keine Unterstützung zur grafischen Gestaltung wie der Auswahl der
Farben, der Größe der Formen oder grafischer Effekte. Wichtige Anforderungen an diese
grafische Gestaltung z. B. im Hinblick auf die Salienz der angezeigten Informationen lassen sich aus Aufgabenmodellen ableiten, da diese etwas zur Wichtigkeit der Informationen
aussagen. Zusammen mit einem grundsätzlichen Verständnis der menschlichen Wahrnehmung lässt sich die Wichtigkeit übersetzen in eine grafische Salienzgestaltung.
     Die Ausführungen in den beiden vorangehenden Abschnitten sollten grundsätzlich
aufzeigen, dass modellbasierte Verfahren angewendet werden können, um den Faktor
Mensch systematisch bei der Entwicklung von Mensch–Maschine Systemen, insbesondere MMTs, zu berücksichtigen und entsprechende Anforderungen in das System „hinein
zu entwickeln" statt erst zum Schluss „draufzusetzen".

Zusammenfassung

Der Text stellt das Konzept des Mensch–Maschine Teams als Perspektive für die Automatisierung und möglichen Ausweg aus dem Automatisierungsdilemma vor. Hierbei ist
weder das Automatisierungssystem noch der Mensch im Zentrum der Entwicklung, son-

dern das dynamische Zusammenspiel unterstützt durch eine adäquate Mensch–Maschine Kommunikation. Ein modellbasiertes Vorgehen kann helfen, die damit verbundenen Entwicklungsherausforderungen mit Ingenieurmethoden zu bewältigen. Die klassischen Ironien der Automatisierung werden dabei auf folgende Weise adressiert:

- **Ironie 1:** Es wird anerkannt, dass Menschen den Maschinen in bestimmten Aspekten überlegen sind. Aufgaben werden je nach Situation dynamisch auf Mensch und Maschine verteilt. Das Gesamtsystem und insbesondere das Zusammenspiel zwischen Mensch und Maschine wird eingehend durch modellbasierte Verfahren evaluiert, um Entwicklungsfehler früh im Entwicklungsprozess zu finden und zu beheben.
- **Ironie 2:** Aufgaben werden nicht nach Machbarkeit verteilt, sondern unter Berücksichtigung der situativen Stärken und Schwächen der Mitglieder des Mensch–Maschine Teams.
- **Ironie 3:** Die Überwachung der Maschinen wird unterstützt durch Kommunikationsstrategien und entsprechende Mensch–Maschine Schnittstellen, deren Gestaltung sich an der menschlichen Informationsverarbeitung orientiert. Es wird erkannt, dass die dynamische Übergabe von Aufgaben an den Menschen (z. B. in Störfällen) durch explizit entworfene intuitive Übergabestrategien vorbereitet werden muss.
- **Ironie 4:** Den Operateuren wird in definierten Fällen die Möglichkeit eingeräumt, Aufgaben selbst durchzuführen, um einer Erosion manueller Fähigkeiten entgegenzuwirken.

An der Umsetzung eines modellbasierten Vorgehensmodells zur Entwicklung von Mensch–Maschine Teams arbeiten aktuell 31 Industrie- und Forschungspartner aus sieben Ländern in dem durch ARTEMIS (www.artemis-ju.eu) geförderten Projekt HoliDes (Holistic Human Factors and System Design of Adaptive Cooperative Human–Machine Systems). Adressiert werden die Anwendungsbereiche Luftfahrt, Straßenverkehr, Leitstände und Medizin. Weiterführende Informationen zu dem Thema dieses Textes lassen sich auf der Webseite des Projektes www.holides.eu finden.

Literaturverzeichnis

Amelink, M. H. J., Mulder, M., van Paassen, M. M., & Flach, J. (2005). Theoretical foundations for a total energy-based perspective flight-path display. *International Journal of Aviation Psychology*, *15*(3), 205–231.

Anderson, J. R., Bothell, D., Byrne, M. D., Douglass, S., Lebiere, C., & Qin, Y. (2004). An integrated theory of the mind. *Psychological Review*, *111*(4), 1036–1060.

Annett, J. (2004). Hierarchical task analysis. In D. Diaper & N. Stanton (Hrsg.), *The handbook of task analysis for human–computer interaction* (S. 67–82). Mahwah: Lawrence Erlbaum.

Bainbridge, L. (1983). Ironies of automation. *Automatica, 19*(6), 775–779.

Billings, C. E. (1997). *Aviation automation: the search for a human-centered approach*. Mahwah: Lawrence Erlbaum Associates.

Burns, C. M. (2000). Putting it all together: improving display integration in ecological displays. *Human Factors, 42*, 226–241.

Burns, C. M., & Hajdukiewicz, J. R. (2004). *Ecological interface design*. Boca Raton: CRC Press.

Byrne, E. A., & Parasuraman, R. (1996). Psychophysiology and adaptive automation. *Biological Psychology, 42*(3), 249–268.

Card, S. K., Moran, T. P., & Newell, A. (1983). *The psychology of human–computer interaction*. Hillsdale: Lawrence Erlbaum Associates.

Christoffersen, K., & Woods, D. D. (2002). How to make automated systems team players. *Advances in Human Performance and Cognitive Engineering Research, 2*, 1–12.

Corker, K. M. (2000). Cognitive models and control. In N. B. Sarter & R. Amalberti (Hrsg.), *Cognitive engineering in the aviation domain*. Mahwah: LEA.

Dahlback, N., Jonsson, A., & Ahrenberg, L. (1993). Wizard of Oz studies – why and how. *Knowledge Based Systems, 6*(4), 258–266.

Degani, A., Shafto, M., & Kirlik, A. (1999). Modes in human–machine systems: review, classification, and application. *International Journal of Aviation Psychology, 9*(2), 125–138.

Endsley, M. R. (1996). *Automation and situation awareness. Automation and human performance: theory and applications*, S. 163–181.

Endsley, M. R., & Kiris, E. O. (1995). The out-of-the-loop performance problem and level of control in automation. *Human Factors, 37*, 381–394.

Fitts, P. M. (Hrsg.) (1951). *Human engineering for an effective air navigation and traffic control system*. Washington: National Research Council.

Flach, J. M., & Vicente, K. J. (1989). *Complexity, difficulty, direct manipulation and direct perception*. Technical Report EPRL-89-03. Engineering Psychol. Res. Lab., Univ. of Illinois, Urbana-Champaign, IL.

Forsythe, C., Bernard, M. L., & Goldsmith, T. E. (2005). *Human cognitive models in systems design*. Mahwah: Lawrence Erlbaum Associates.

Frey, D., & Schulz-Hardt, S. (1997). Eine Theorie der gelernten Sorglosigkeit. In H. Mandl (Hrsg.), *Bericht über den 40. Kongress der Deutschen Gesellschaft für Psychologie* (S. 604–611). Göttingen: Hogrefe Verlag für Psychologie.

Gigerenzer, G., Todd, P. M., & ABC Res. Group (1999). *Simple heuristics that make us smart*. New York: Oxford Univ. Press.

Javaux, D. (1998). Explaining Sarter & Woods' classical results. The cognitive complexity of pilot–autopilot interaction on the Boeing 737-EFIS. In N. Leveson & C. Johnson (Hrsg.), *Proceedings of the 2nd workshop on human error, safety and systems development*.

Klein, G., Woods, D. D., Bradshaw, J. M., Hoffman, R. R., & Feltovich, P. J. (2004). Ten challenges for making automation a "Team player" in joint human-agent activity. *IEEE Intelligent Systems archive, 19*(6), 91–95.

Lenk, J. C., Droste, R., Sobiech, C., Lüdtke, A., & Hahn, A. (2012). In T. Bossomaier & S. Nolfi (Hrsg.), *Proceedings of the fourth international conference on advanced cognitive technologies and applications (COGNITIVE). ThinkMind* (S. 67–70).

Lewis, R. L. (2001). Cognitive theory, soar. In *International encyclopedia of the social and behavioral sciences*. Amsterdam: Pergamon.

Lüdtke, A., & Möbus, C. (2004). A cognitive pilot model to predict learned carelessness for system design. In A. Pritchett & A. Jackson (Hrsg.), *Proceedings of the international conference on human–computer interaction in aeronautics (HCI-aero)*. Cépaduès-Editions: France. CD-ROM

Lüdtke, A., Osterloh, J.-P., & Frische, F. (2012). Multi-criteria evaluation of aircraft cockpit systems by model-based simulation of pilot performance. In *Proceedings international conference on embedded real-time systems and software (ERTS²), 1.–3. February 2012, Toulouse, France.*

Mackworth, N. H. (1950). Researches on the measurement of human performance. In H. W. Sinaiko (Hrsg.), *Selected papers on human factors in the design and use of control systems (1961)* (S. 174–331). New York: Dover.

May, J., & Barnard, P. J. (2004). Cognitive task analysis in interacting cognitive subsystems. In D. Diaper & N. Stanton (Hrsg.), *The handbook of task analysis for human–computer interaction* (S. 291–325). Mahwah: Lawrence Erlbaum.

Norman, D. A. (1981). Categorization of action slips. *Psychological Review, 88*(1), 1–15.

Opperman, R. (1994). *Adaptive user support.* Hillsdale: Erlbaum.

Parasuraman, R., & Manzey, D. H. (2010). Complacency and bias in human use of automation: an attentional integration. *Journal of the Human Factors and Ergonomics Society, 52*, 381–410.

Parasuraman, R., & Riley, V. (1997). Human and automation: use, misuse, disuse, abuse. *Human Factors, 39*(2), 230–253.

Parasuraman, R., Sheridan, T. B., & Wickens, C. D. (2000). A model for types and levels of human interaction with automation. *IEEE Transactions on Systems, Man, and Cybernetics – Part A: Systems and Humans, 30*(3), 286–297.

Rasmussen, J. (1983). Skills, rules, knowledge; signals, signs, and symbols, and other distinctions in human performance models. *IEEE Transactions on Systems, Man and Cybernetics, 13*(3), 257–266.

Rasmussen, J. (1985). The role of hierarchical knowledge representation in decision making and system management. *IEEE Transactions on Systems, Man and Cybernetics, 15*(2), 234–243.

Rouse, W. B. (1981). Human-computer interaction in the control of dynamic systems. *ACM Computing Surveys, 13*, 71–99.

Rüegger, B. (1990). *Menschliches Fehlverhalten im Cockpit.* Schweizerische Rückversicherungs-Gesellschaft, Abteilung Luftfahrt, Mythenquai 50/60, Postfach, CH-8022 Zürich, Schweiz.

Sarter, N. B., & Woods, D. D. (1995). *Strong, silent and out of the loop: properties of advanced (cockpit) automation and their impact on human–automation interaction.* Cognitive Systems Engineering Laboratory Report, CSEL 95-TR-01. The Ohio State University, Columbus OH, March 1995. Prepared for NASA Ames Research Center.

Sarter, N. B., Woods, D. D., & Billings, C. (1997). Automation surprises. In G. Salvendy (Hrsg.), *Handbook of human factors/ergonomics* (2. Aufl., S. 1926–1943). New York: Wiley.

Sheridan, T. B. (1997). Supervisory control. In *Handbook of human factors and ergonomics.* New York: Wiley.

Sherman, P. J. (1997). *Aircrews' evaluations of flight deck automation training and use: measuring and ameliorating threats to safety.* The University of Texas Aerospace Crew Research Project. Technical Report 97-2, http://www.bluecoat.org/reports/Sherman_97_Aircrews.pdf (Stand 23.04.2014).

Simon, H. A. (1955). A behavioral model of rational choice. *Journal of Economics, 69*, 99–118.

Sobiech, C., Eilers, M., Denker, C., Lüdtke, A., Allen, P., Randall, G., & Javaux, D. (2014). Simulation of socio-technical systems for human-centre ship bridge design. In *Proceedings of the international conference on human factors in ship design & operation* (S. 115–122). London: The Royal Institution of Naval Architects.

Stanton, N. A. (2006). Hierarchical task analysis: development applications and extensions. *Applied Ergonomics, 37*, 55–79.

Vicente, K. J., & Rasmussen, J. (1992). Ecological interface design: theoretical foundations. *IEEE Transactions on Systems, Man and Cybernetics, 22*, 589–606.

Vicente, K. J. (2002). Ecological interface design: progress and challenges. *Human Factors, 44*, 62–78.

Warm, J. S., Dember, W. N., & Hancock, P. A. (1996). Vigilance and workload in automated systems. In R. Parasuraman & M. Mouloua (Hrsg.), *Automation and human performance: theory and applications* (S. 183–200). Mahwah: Lawrence Erlbaum.

Wiener, E. L., & Curry, R. E. (1980). Flight-deck automation: promises and problems. *Ergonomics, 23*(10), 995–1011.

Woods, D. D., & Roth, E. M. (1988). Cognitive engineering: human problem solving with tools. *Human Factors, 30*(4), 415–430.

Wortelen, B., Baumann, M., & Lüdtke, A. (2013). Dynamic simulation and prediction of drivers' attention distribution. *Journal of Transportation Research Part F: Traffic Psychology and Behaviour, 21*, 278–294.

Yamauchi, Y. (2012). Participatory design. In T. Ishida (Hrsg.), *Field informatics* (S. 123–138). Welwyn: Springer.

Zsambok, C. E., Beach, L. R., & Klein, G. (1992). A literature review of analytical and naturalistic decision making. In *Contract N66001-90-C-6023 for the Naval command, control and ocean surveillance center*. San Diego: Klein Associates Inc.

Ausblick

Arbeitssystemgestaltung im Spannungsfeld zwischen Organisation und Mensch–Technik-Interaktion – das Beispiel Robotik

Steffen Wischmann

Einleitung

Die fortschreitende Automatisierung in der Produktion und Fertigung der zurückliegenden Jahrzehnte wurde unter anderem durch den vehementen Einsatz von Industrierobotern vorangetrieben. Deutschland ist mit Abstand der größte Markt in Europa was den Einsatz und Verkauf von Industrierobotern betrifft. Weltweit befinden sich nur in den USA und in Japan mehr Industrieroboter pro Arbeiter im Einsatz. Im Jahre 2012 erzielte die deutsche Automatisierungs- und Industrierobotikbranche einen Umsatz von ca. 10,5 Mrd €.[1]

Dabei existiert heute weitestgehend eine saubere Trennung, beispielsweise durch entsprechende Sicherheitszäune zwischen robotischen und menschlichen Arbeitsplätzen. Eine direkte Interaktion während der Arbeitsprozesse soll bewusst nicht stattfinden. Diese Trennung symbolisiert durchaus auch das Paradigma der industriellen Automatisierung. Gesamte Arbeitsschritte, wie das Schweißen oder Lackieren von Autoteilen, werden vollautomatisiert und die manuelle Arbeit komplett entfernt. Die Arbeiter besetzen die Automatisierunglücken, d. h. diejenigen Arbeitsprozesse, die entweder aufgrund ihrer Komplexität technologisch oder aufgrund der großen Variantenvielfalt der zu bearbeiten Werkstücke wirtschaftlich nicht zu automatisieren sind (siehe auch Beitrag von Ernst A. Hartmann „Arbeitsgestaltung für Industrie 4.0: Alte Wahrheiten, neue Herausforderungen"). Das Dilemma eines solchen Vorgehens kann anhand des Beispiels Toyota sehr gut illustriert werden.

---

[1] IFR Study, World Robotics – Industrial Robots, 2013.

S. Wischmann (✉)
Institut für Innovation und Technik (iit), Berlin, Germany
e-mail: wischmann@iit-berlin.de

© The Author(s) 2015
A. Botthof, E.A. Hartmann (Hrsg.), *Zukunft der Arbeit in Industrie 4.0*,
DOI 10.1007/978-3-662-45915-7_14

Toyota setzte sich 2014 zum Ziel 10 Mio Autos zu produzieren, mehr als je ein Automobilbauer zuvor. Um dieses Ziel zu erreichen, erhöhte Toyota seit der Jahrtausendwende seine Produktion um jährlich eine halbe Million Fahrzeuge. Diese enorme Produktionssteigerung konnte nur durch konsequente Automatisierung und dabei vor allem durch den verstärkten Einsatz von Industrierobotern realisiert werden. In den Fabriken verlagerte sich das menschliche Einsatzgebiet meist auf das Befüllen der Maschinen mit entsprechenden Werkstücken. Funktionieren die Maschinen nicht wie erwartet, kann kein Arbeiter die Probleme mehr selbst beheben. Die Arbeitsschritte sind komplex und die durchführenden Maschinen ebenfalls. Da der Arbeiter an den wesentlichen Produktionsschritten nicht mehr beteiligt, und damit nicht im Bilde ist, fehlt ihm einerseits die Kompetenz im Falle eines Maschinenfehlers einzugreifen. Anderseits kann er seine, gegenüber den Maschinen überlegenen, kognitiven Fähigkeiten auch nicht mehr dafür einsetzen, Optimierungspotentiale am Produktionsprozess zu erkennen.

Toyota, bislang für seine hohe Qualität bekannt, kämpfte in den letzten Jahren zunehmend mit Produktionsfehlern. So mussten 2009 nach 100 tödlichen Unfällen ca. 3,8 Mio. Autos wegen der Gefahr blockierender Bremspedale zurückgerufen werden.[2] Toyota musste aus diesem Grund in den USA ca. 1,2 Mrd. Dollar Strafe zahlen.

2014 rief Toyota 6,4 Mio. Autos zurück, diesmal aufgrund des Verdachtes der mangelhaften Befestigung von Lenksäulen und Sitzschienen.[3] Dies sind klare Produktionsmängel und beruhen nicht auf elektronischen oder Softwarefehlern. Auch vor diesem Hintergrund ändert sich nun die Produktionsstrategie. Toyota begann in den letzten Jahren verstärkt manuelle Arbeitsplätze wieder einzuführen, die zuvor durch den Einsatz von Industrierobotern komplett verschwanden. Die Schaffung manueller Arbeitsplätze bei Toyota bedeutet jedoch keine Rückkehr zur Fertigung im Sinne einer Manufaktur. Im Gegenteil, Toyota setzt weiterhin massiv auf Automatisierungslösungen. Es handelt sich dabei eher um Lernfabriken, die den Arbeiter in die Lage versetzen sollen, die Arbeitsschritte der Maschinen wieder besser zu verstehen (siehe dazu auch Beitrag von A. Kamper et al. „Die Rolle von lernenden Fabriken für Industrie 4.0"). Denn erst durch das eigene Ausführen aller Produktionsschritte, ist der menschliche Arbeiter in der Lage die Prozesse zu verstehen, zu verbessern und im Falle von Fehlern einzuschreiten. Die bedeutet nicht die Abkehr vom Automatisierungsprozess, es soll vielmehr verloren gegangenes Wissen über alle Fertigungsprozesse wieder erlangt werden.

Das Roboter und Arbeiter nicht nur nebeneinander co-existieren, sondern auch physisch miteinander, d. h. kooperativ, interagieren können, soll mit Hilfe der folgenden Beispiele aufgezeigt werden. Anhand dieser Beispiele wird deutlich, dass neue technologische Entwicklungen das gesamte Spektrum von Mensch–Roboter-Interaktionen abdecken können, vom einfachen Instruieren über das physische Interagieren hin zu einer echten Kooperation.

---

[2]http://www.spiegel.de/auto/aktuell/blockiertes-gaspedal-toyota-plant-rueckruf-von-3-8-millionen-autos-a-652205.html.

[3]http://www.spiegel.de/auto/aktuell/rueckrufaktion-toyota-beordert-millionen-autos-in-die-werkstaetten-a-963356.html.

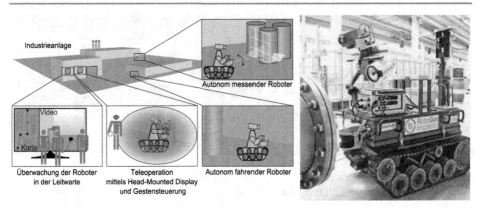

Abb. 1 Der RoboGasInspector (*rechts*) übernimmt die Funktion des Trassenläufers zur Überwachung von Gasleitungen. Dem Mensch bleiben instruierende und überwachende Tätigkeiten. Bildrechte sollten bei uns sein (mit Ute Rosin klären)

Der Roboter wird zum kooperierenden Partner

Insbesondere die rasanten technologischen Fortschritte auf den Gebieten der Sensorik, Aktuatorik und Navigation ermöglichen neue Einsatzgebiete von Robotern, die weit über die klassischen Anwendungen der Industrierobotik hinausgehen. Dabei zeichnet sich ein Trend ab, weg von der örtlich separierten Co-Existenz, hin zu einer engen Zusammenarbeit zwischen Mensch und Roboter.

Wird der Roboter dabei zum kooperierenden, intelligenten Werkzeug des Menschen? Erlauben solche Systeme das Aufgabenspektrum der Arbeiter hin zu einer vollständigen Tätigkeit zu erweitern? Inwieweit passt sich der Roboter an den Menschen an und inwieweit muss sich der Mensch weiterhin an den Roboter anpassen? Welche neuen Interaktionsformen erlauben eine echte Kooperation zwischen Mensch und Maschine? Diese Fragen werden im Folgenden anhand von ausgewählten Beispielen diskutiert.

Der Mensch instruiert

Das Projekt RoboGasInspector (Abb. 1) aus dem vom Bundesministerium für Wirtschaft und Energie geförderten Technologieprogramm Autonomik zeigt die deutlichen Auswirkungen auf die Arbeitsorganisation durch (teil)autonome Roboter. Ziel des Projektes ist die frühzeitige Erkennung von Gas-Lecks in technischen Anlagen durch ein innovatives Mensch–Maschine-System mit intelligenten, kooperierenden und mit Gas-Fernmesstechnik ausgestatteten Inspektionsrobotern. Dabei sollen die Inspektionen von technischen Anlagen weitgehend autonom bewältigt werden. Die hierzu eingesetzte multimodale Fernmesstechnik sorgt dafür, dass selbst schwer zugängliche Orte effizient inspiziert werden können. Die Vernetzung mit dem Internet dient der Übermittlung von nicht lokal gemessenen oder gespeicherten Informationen, der Kommunikation mit der Anla-

Abb. 2 Beim Sandstrahlen von Brücken und anderen Stahlkonstruktionen handelt es sich um eine physisch extrem fordernde Tätigkeit (*links*). Der Roboter von Sabre Autonomous Solutions nimmt dem Menschen diese belastenden Tätigkeiten ab. Der Arbeiter übernimmt Überwachungsaufgaben, Qualitätskontrollen, Nachbesserungen und das Sandstrahlen der Bereiche, die für den Roboter schwer zugänglich sind. *Bilder* von http://sabreautonomous.com.au/about-us/our-story. *Video*: https://www.youtube.com/watch?v=YACL_Ekv6OA

gensteuerung und -überwachung sowie zum Informationsaustausch mit anderen Robotern und dem Anwender. Über GPS und Laserscanner erfolgt schließlich die Selbstlokalisation und Navigation der Roboter. Mittels Augmented Reality kann der Benutzer bei diesem Projekt über eine Karte das Inspektionsgebiet intuitiv festlegen, die Umgebung des Roboters aus dessen Perspektive wahrnehmen und sämtliche Sensorik überwachen.

Bei Bedarf lässt sich über gestenbasierte Interaktionskonzepte vom Nutzer zudem die Teleoperation und Telemanipulation des Roboters und seines Greifers übernehmen. Dies geschieht beispielsweise über eine Tool-Center-Point-Steuerung mit einer Space-Maus oder über optische Motion–Tracking-Systeme, bei der die Handbewegungen des Benutzers direkt in Roboterbewegungen umgesetzt werden. Feedback erhält der Operateur über ein Stereokamerasystem, das eine 3D-Visualisierung über stereoskopische Bildschirme oder VR-Kopfdisplays ermöglicht. Dadurch können Ventile teleoperativ geöffnet und geschlossen oder bestimmte Rohrstellen genauer untersucht werden.

Sämtliche Arbeiten werden zentral von einer Leitstelle ausgeführt, dies ändert das Aufgabenfeld der Trassenläufer deutlich: Die Vor-Ort-Begehung wird tendenziell verschwinden und durch Aufgaben wie Überwachung, Planung und Service ersetzt werden. Das impliziert einen Trend zu höher qualifizierten Tätigkeiten, welche eine andere Ausbildung erfordern als dies bisher notwendig war. Damit entfällt das bisherige Stellenprofil. Trotz der Ausgliederung des Menschen aus vielen Arbeitsprozessen (z. B. Messen und Navigieren) durch den Roboter übernimmt der Mensch zu einem gewissen Grad mehr als nur eine reine Überwachungstätigkeit ein. Er plant die Wege des Roboters und interagiert in bestimmten Situationen direkt mit dem System und wertet die vom Roboter gewonnen Daten aus.

Wie Roboter die Arbeit des Menschen erleichtern können, ohne diesen vollständig zu ersetzen, illustriert das Beispiel des Roboters der Firma Sabre Autonomous Solutions (Abb. 2).

Das Einsatzgebiet: das Sandstrahlen von Stahlstrukturen. Insbesondere große Stahl-Infrastrukturen, wie z. B. Brücken, müssen kontinuierlich von Korrosionen befreit werden. Diese Arbeit wird bislang manuell durchgeführt. Die rauen Arbeitsbedingungen der physisch äußerst anstrengenden Tätigkeit erfordern selbst bei erfahrenen Arbeitern bereits nach ca. 15–30 Minuten Einsatz eine längere Pause. Die Firma Sabre Autonomous Solutions entwickelte einen Roboter, der diese Arbeit erleichtert und zum größten Teil automatisiert. Der Roboter wird an dem zu bearbeitenden Teilsegment positioniert und die Arbeitsumgebung, genauso wie bei manueller Tätigkeit erforderlich, entsprechend gesichert. Mit seiner intelligenten Sensorik scannt der Roboter das zu bearbeitende Gebiet, eine Software identifiziert die zu bearbeitenden Bereiche und berechnet die Bewegungspläne des Roboterarms. Der Arbeiter überwacht den Roboter bei seiner autonomen Arbeit und unterbricht diesen, falls dies aus Sicherheitserwägungen erforderlich wird. Anschließend führt der Arbeiter eine Qualitätskontrolle durch und arbeitet gegebenenfalls manuell nach bzw. deckt die Bereiche ab, die für den Roboter schwer zugänglich sind.

Entscheidend bei der Entwicklung des Roboters war, dass die Arbeiter konsequent in den Entwicklungsprozess einbezogen wurden, unter anderem in die Gestaltung des Kontrollpanels. Spezialqualifikationen zur Bedienung des Roboters sind nicht notwendig. Nach einer kurzen Anlernphase ist der Arbeiter in der Lage den Roboter am Einsatzort zu positionieren, eventuelle Korrekturen an den vom Roboter vorgeschlagenen Trajektorien vorzunehmen, das System zu starten und jederzeit zu unterbrechen. Aktuell kann ein Arbeiter zwei Roboter parallel operieren und die notwendigen manuellen Arbeiten übernehmen für die vorher mindestens drei Arbeiter notwendig waren. Damit entfallen zwar Arbeitskräfte, das Arbeitsprofil hat sich jedoch nicht grundlegend verändert, sondern wurde um organisatorische und kontrollierende Aspekte erweitert. Angesichts fehlender Fachkräfte in diesem Bereich kommt es nicht zur Verdrängung von Arbeitsplätzen. Roboter und Mensch arbeiten jedoch weiterhin örtlich und zeitlich versetzt und interagieren nicht direkt physikalisch miteinander.

Der Mensch interagiert

Eine stärkere Zusammenarbeit zwischen Roboter und Mensch veranschaulicht das Projekt Rorarob (Abb. 3, siehe auch Beitrag von J. Deuse et al. „Gestaltung von Produktionssystemen im Kontext von Industrie 4.0"). Es zeigt auf, wie sich neue kollaborative Systeme in bestehende Arbeitsstrukturen integrieren lassen, ohne dass neue Qualifikationsprofile erforderlich sind. Konkret wurde ein Roboterassistenzsystem zur Bearbeitung von Schweißaufgaben in der Rohr- und Rahmenfertigung entwickelt. Ein wesentlicher Fokus lag hier auf der Interaktion zwischen Mensch und Maschine unter ergonomischen und ökonomischen Aspekten.

Ziel des Projektes war es nicht, die Schweißer zu ersetzen. Vielmehr ging es darum, Nebentätigkeiten wie etwa die Werkstückhandhabung, die für die Kernaufgabe „Schweißen" nicht wesentlich sind, zu reduzieren. Einhergehen damit erhebliche ergonomische

Abb. 3 Das Beispiel RoRaRob zeig, wie der Mensch langsam in den Mittelpunkt rückt. Schwere Teile werden von Robotern in für den Schweißer jeweils günstige ergonomische Positionen bewegt. Das Tätigkeitsprofil des Schweißers ändert sich dadurch kaum. Bildrechte sollten bei uns liegen (mit Ute Rosin klären)

Entlastungen. Das heißt beispielsweise: Bauteile von etwa 80 kg müssen nicht mehr manuell bewegt und positioniert werden. Auch Zwangshaltungen werden vermieden. Dafür wurde ein digitales physisches Menschmodell (Abb. 3 rechts) von Anfang an in das System integriert und auf diese Weise die kinematischen Begrenzungen anforderungsgerecht abgebildet.

Über Kollisionsabfragen werden bei diesem Projekt optimale Bewegungsmuster für die werkstückführenden Handhabungsroboter abgeleitet, in Roboterprogramme umgewandelt und in das Gesamtsystem übernommen. Gleichzeitig wird an dem virtuellen Werker überprüft, ob dessen physische Belastung unterhalb der Belastungsgrenzen liegt. Im laufenden Betrieb kann der Arbeiter die Arbeitshöhe mit Hilfe eines innovativen Interaktionsinstruments (6D-Maus) anpassen. Entscheidend ist aber auch hier: Die Schweißer programmieren die Roboter nicht selbst. Dies erfolgt fast ausschließlich durch Offline-Programmierung.

Eine Aufgabenbereicherung für die Schweißer durch Integration von Programmieraufgaben ist in diesem Beispiel auch aus betriebswirtschaftlichen Gründen nicht naheliegend. Das bedeutet, dass sich die Tätigkeiten und das Qualifikationsprofil des Schweißers, im Gegensatz zum RoboGasInspector, nicht grundlegend ändern. Im Sinne einer positiven Arbeitsorganisation findet jedoch eine wesentliche Entlastung statt, der Arbeiter steht im Zentrum der Tätigkeiten und kann bereits zu einem gewissen Grad Einfluss auf die Assistenzfähigkeit des Roboters nehmen.

Der Mensch kooperiert

Die Ergebnisse des EU-Projektes JILAS verdeutlichen, wie moderne Robotertechnologien vollständig zum Assistenten des Arbeiters werden können (Abb. 4). Die Anforderungen für die folgende Automatisierungslösung kamen von einem Schweizer Hersteller von Kleinstflugzeugen, die zum überwiegenden Teil Einzelanfertigungen sind. Daher erfolgte die Montage bisher ausschließlich manuell. Aufgrund der hohen Lohnkosten in

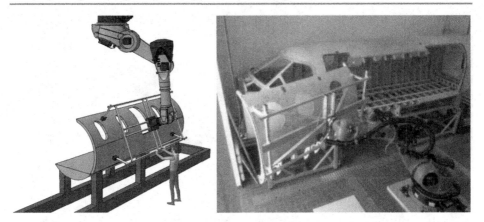

Abb. 4 Das EU-Projekt JILAS verdeutlicht eine echte Mensch–Roboter-Kooperation. Der Roboter unterstützt den Menschen beim Positionieren schwere Teile, agiert in gewissem Maße aber auch autonom. Kann der Roboter seiner Aufgabe nicht selbständig nachkommen, unterstützt ihn der Arbeiter durch einfaches Ziehen und Schieben. *Bilder* von http://www.echord.info/wikis/website/jilas. *Video*: http://youtu.be/ovyQcHwtN0o?t=41s

der Schweiz musste die Produktion jedoch ausgelagert werden. Insbesondere das Anbringen der schweren Seiten- und Deckenteile erforderte das koordinierte Zusammenspiel von bis zu fünf Personen. Mit Hilfe eines kraftkontrollierten Roboterarms kann ein Arbeiter diese Tätigkeit nun selbstständig und völlig sicher ausführen. Der Roboterarm nimmt die schweren Teile auf und der Arbeiter kann dann, unterstützt durch den Roboter, das Seitenteil in nahe seiner finalen Position bewegen. Um die millimetergenaue Endpositionierung zu erleichtern, vermisst der Arbeiter die Endpunkte mit Hilfe eines einfach zu bedienenden Trackingsystems. Der Roboter führt die finale Positionierung dann weitestgehend autonom durch. Häufig wird das zu bewegende Teil jedoch durch hervorstehende Schrauben und Ösen blockiert. In diesem Fall kann der Mensch den Roboter unterstützen, in dem er an dem Teil in die Richtung zieht, die die Blockierung auflöst. Anschließend setzt der Roboter seine Bewegung fort und der Arbeiter übernimmt die Endmontage. Das System ist so ausgelegt, dass dessen Bedienung keinerlei Spezialkenntnisse erfordert. Der Arbeiter hantiert weiterhin mit den von ihm gewohnten Werkstücken, nur kann er dank der Roboterunterstützung dies nun weitaus präziser und vor allem ohne die Hilfe anderer Arbeiter durchführen. Das Halten und Bewegen schwerer Lasten, vorher eine hohe ergonomische Belastung, geht nun sprichwörtlich leicht von der Hand. Der gesamte Arbeitsprozess ist in der Hand des Werkers. Er plant seine Arbeiten selbständig, führt diese aus, kontrolliert das Ergebnis und korrigiert, wenn notwendig, Fehler. Dabei werden auch einfach Routineaufgaben, wie das Bewegen von Montageteilen nicht vollständig automatisiert. Es handelt sich hierbei also um eine nahezu vollständige Tätigkeit im Sinne guter Arbeit (siehe auch Beitrag von Ernst A. Hartmann „Arbeitsgestaltung für Industrie 4.0: Alte Wahrheiten, neue Herausforderungen").

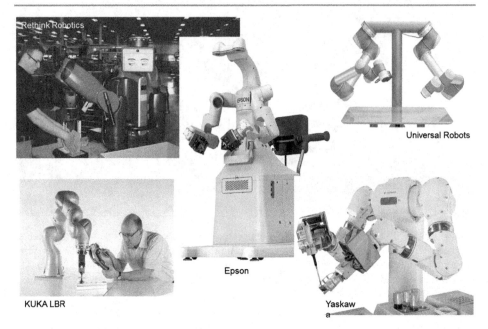

Abb. 5 Eine neue Generation von Roboter erlauben das direkte Zusammenarbeiten von Mensch und Maschine. Die Roboter sind intrinsisch sicher, stellen also keine Verletzungsgefahr dar, und können durch smarte Teach-In Panels, durch Ziehen und Schieben oder durch einfaches Vormachen programmiert werden. *Bilder*: Rethink Robotics: schon mal verwendet http://www.computer-automation.de/steuerungsebene/bedienen-beobachten/artikel/106421/1/.
Universal Robots: http://www.universal-robots.dk/DK/Presse/Multimedia/Products.aspx. KUKA: http://www.kuka-robotics.com/en/pressevents/news/NN_140415_Into_a_new_era_together.htm.
Epson: http://spectrum.ieee.org/automaton/robotics/industrial-robots/seiko-epson-shows-off-dual-arm-robot. *Yaskawa*: http://www.automationnet.de/index.cfm?pid=1702&pk=142725&img=155681 &p=1#.U3YTaRAWdI0

Kollege Roboter

Derzeit maturieren mehr und mehr Robotersysteme, die eine hervorragende Assistenz-funktion für den Menschen aufweisen (Abb. 5). Insbesondere Leichtbauroboter spielen dabei eine besondere Rolle, wie etwa die des dänischen Herstellers Universal Robots. Die maximalen Kräfte und Geschwindigkeiten des Roboters sind so konzipiert, dass dieser keine Verletzungen verursacht und sofort seinen Betrieb stoppt, sobald ein Mensch in seinem Arbeitsbereich eingreift. Bereits nach kurzem Training können die Arbeiter den Roboter vollkommen autonom über die grafische Oberfläche eines Teach-in-Panels pro-grammieren. Seit 2009 verkaufte Universal Robots mehr als 2.500 Roboter, 80 % davon arbeiten eng mit dem Menschen ohne physikalische Sicherheitsbarrieren zusammen.

Noch weiter vereinfacht ist die Programmierung, analog zum erwähnten JILAS Pro-jekt, des Roboters Baxter von der Firma Rethink Robotics. Baxter wurde von Anfang an unter Einbeziehung potenzieller Anwender entwickelt. Neben Sicherheitsaspekten lag das

Hauptaugenmerk dabei auf der einfachen Nutzbarkeit beziehungsweise Interaktion zwischen Roboter und Arbeiter. Programmierung und Training von Baxter erfolgen über intuitives Ziehen und Schieben des Roboterarmes und -greifers. Mittels eines Bildschirms erhält der Nutzer visuelles Feedback über den Trainingserfolg. Dieser Bildschirm dient zusätzlich auch der Interaktion während des laufenden Betriebes. Virtuelle Augen signalisieren, wenn der Roboter beispielsweise aufgrund fehlender Teile Hilfestellung benötigt, und schauen immer in die Richtung, in der der Roboter gerade motorisch aktiv ist. Somit kann der Arbeiter die Bewegungen des Roboters sehr leicht antizipieren. Baxter ist wie der UR5 intrinsisch sicher, sodass keine Sicherheitsbereiche definiert und gegenüber dem Arbeiter abgegrenzt werden müssen.

Damit erfüllen Roboter wie Baxter, UR5 und ähnliche Modelle anderer Hersteller (Abb. 5) alle arbeitsorganisatorischen Anforderungen um als Werkzeug für die Realisierung einer vollständigen Tätigkeit zu dienen. Einerseits kann der Arbeiter die Aufgaben ohne fachspezifische Zusatzqualifikationen eigenständig planen, organisieren, durchführen und kontrollieren. Andererseits ist der Roboter auch in der Lage, seinen Istzustand für den Fall, dass die gewohnte Operabilität nicht mehr gewährleistet ist, an den Nutzer weiterzugeben. Der Nutzer kann dies intuitiv verstehen und ist fähig, das Problem selbstständig zu beheben. Zum einem setzt dies voraus, dass der Arbeiter in der Regel an allen Arbeitsschritten beteiligt ist und zum anderen sind intuitive Schnittstellen notwendig – nicht nur in Richtung vom Menschen zum Roboter, sondern auch in die andere Richtung. Dies ist bei den meisten heutigen Systemen jedoch noch nicht gegeben. Erreicht werden kann dies entweder durch entsprechende Visualisierungen, wie bei Baxter, oder dadurch, dass der Roboter die Bewegungen und Aktionen des Menschen lediglich unterstützt, wie im Beispiel JILAS. Letzteres bietet den Vorteil, dass der Mensch zu jederzeit im Bilde ist, da er die Tätigkeit selbst ausführt. Dadurch erkennt er Probleme intuitiv ohne dass besondere Maschine–Mensch-Schnittstellen notwendig wären.

Bidirektionale Interaktion zwischen Mensch und Maschine

Derzeitige Forschungsarbeiten im Bereich der Mensch–Maschine-Interaktion konzentrieren sich oft darauf, das Verhalten des Menschen vorherzusagen und daraus ein adaptives Roboterverhalten abzuleiten. Dabei wird oft vergessen, dass auch der Mensch hochgradig adaptiv reagieren kann – vorausgesetzt er ist in der Lage, die „Intentionen" und Zustände eines Roboters intuitiv zu erfassen. Die große Herausforderung an zukünftige „kooperierende" Robotersysteme wird damit deutlich. Der Roboter muss in der Lage sein seinen Istzustand für den Fall, dass die gewohnte Operabilität nicht mehr gewährleistet ist, an den Nutzer weiterzugeben. Der Nutzer muss dies verstehen können und in der Lage sein, das Problem selbständig zu beheben. Im Idealfall wird dieser Service für den Roboter dann nicht mehr, wie bislang, vom Hersteller übernommen, sondern vom Anwender selbst, wie es in Ansätzen im Falle von Baxter bereits realisiert wurde. Dies setzt intuitive bidirektionale Schnittstellen voraus.

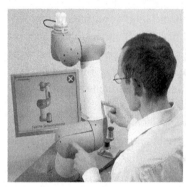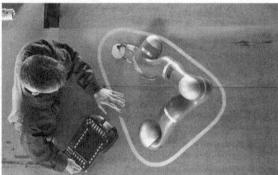

Abb. 6 Neue Schnittstellen, wie eine resistive Sensorhaut (*links*), erlauben eine einfache Programmierung am Roboter selbst und moderne Projektionstechniken (*rechts*) ermöglichen sowohl eine intuitive Antizipation der Aktionen des Roboters als auch das ortsnahe Einblenden von relevanten Informationen für den Benutzer. Bilder: *links*: http://www.iff.fraunhofer.de/content/dam/iff/de/dokumente/robotersysteme/themenflyer/2013-03-taktile-sensorsysteme.pdf; *rechts*: schon mal verwendet http://www.computer-automation.de/steuerungsebene/bedienen-beobachten/artikel/106421/1/

Ein aktuelles Forschungsprojekt am Fraunhofer IFF zeigt, wie die Rückmeldung des Roboters an den Arbeiter weiter ausgestaltet werden kann (Abb. 6). Die Forscher entwickelten eine Sensorhaut, die sich flexibel an die unterschiedlichsten Geometrien anpassen kann (Abb. 6 links). Einerseits kann das resistive Messsystem Berührungen schnell und zuverlässig erkennen und damit die Sicherheit der Interaktion zwischen Mensch und Roboter erhöhen. Es signalisiert dem Roboter, dass sich der Arbeiter in unmittelbare Nähe befindet. Der Roboter kann seine Tätigkeit stoppen oder entsprechende Ausweichbewegungen durchführen. Anderseits kann das gleiche System auch als Eingabegerät, eine Art Touchpad am Roboterarm, zur Programmierung benutzt werden. Ein ähnliches System der Robert Bosch GmbH „APAS" erhielt für die Sensorhaut kürzlich eine Zertifizierung durch die deutsche Berufsgenossenschaft und erlaubt die direkte Zusammenarbeit von Mensch und Roboter. Es handelt sich um eine hochsensitive kapazitative Sensorhaut, die die Annäherung eines Menschen zuverlässig detektiert bevor es zum Kontakt kommt und so den Roboter rechtzeitig vor einer Kollision stoppt. Diese Sicherheitssysteme helfen jedoch dem Menschen nicht direkt, das Verhalten eines Roboters besser zu antizipieren. Auch hier hat das Fraunhofer IFF Lösungen parat (Abb. 6 rechts). Über eine Kombination von Kamera- und Projektionstechnik lassen sich bei diesem Projekt nicht nur Sicherheitsbereiche dynamisch und für jeden Nutzer leicht verständlich visualisieren, sondern es wird auch das Eingreifen in die Sicherheitsbereiche registriert und entsprechende Aktionen beim Roboterarm ausgelöst (zum Beispiel Not-Stopp). Gleichzeitig kann ein solches System den Nutzer über zukünftige Aktionen des Roboters informieren; und zwar genau dort, wo diese Aktionen stattfinden werden. Damit handelt es sich um eine hochintuitive bidirektionale Schnittstelle zwischen Mensch und Maschine, die ein wesentlich effizienteres Zusammenarbeiten von Mensch und Roboter verspricht.

Fazit

Die vorangegangen Beispiele zeigen ein breites Spektrum an Auswirkungen auf die Arbeitssystemgestaltung, die mit neuester Robotertechnologie entstehen können. Tätigkeiten können, sowie bei der konventionellen Automatisierung, ganz entfallen und von Robotern übernommen werden, wie das Beispiel des Gasleitung-Inspekteurs zeigt. Der Sandstrahlroboter zeigt, dass körperlich anstrengende und hoch belastende Tätigkeiten zum Großteil von Robotern übernommen werden können und der Mensch nur noch nachbessert. In beiden Fällen kommuniziert der Mensch mit dem Roboter, er „sagt" ihm was zu tun ist, physikalische Interaktionen sind auf das Aufstellen und Inbetriebnehmen beschränkt. Das Beispiel RoRaRob illustriert, wie der Arbeiter weiterhin seine gewohnte Tätigkeit ausführt, jedoch unter deutlich verbesserten ergonomischen Bedingungen. Der Roboter wird zum Assistent, mit dem der Arbeiter auch physisch interagiert. Das Roboterverhalten ist zwar an den Arbeiter angepasst, warum der Roboter aber tut, was er tut, erschließt sich dem Arbeiter nicht, da die Programmierung des Roboterverhaltens immer noch durch externe Experten durchgeführt wird. Auch im Falle eines Fehlers, kann der Arbeiter kaum mehr tun, als der Fabrikarbeiter bei Toyota.

Den Weg zu einer echten Mensch–Roboter-Kooperation veranschaulicht das Beispiel JILAS. Der Mensch steht im Mittelpunkt und hat immer die Kontrolle über das System. Arbeitsprozesse, die vom Roboter teilweise autonom übernommen werden, können jederzeit korrigiert werden. Der Roboter hilft dem Menschen und entlastet ihn. Umgekehrt kann der Mensch, gerade weil er auch physisch noch in alle Arbeitsschritte involviert ist, dem Roboter helfen, sollte dieser seine Aufgabe nicht autonom erfüllen können. Dieses Beispiel zeigte weiterhin, wie Effizienz und Produktivität mit Hilfe von Robotern deutlich gesteigert werden kann ohne dem Paradoxon der Automatisierung anheim zu fallen (siehe auch Beiträge von Ernst A. Hartmann „Arbeitsgestaltung für Industrie 4.0: Alte Wahrheiten, neue Herausforderungen" und Hartmut Hirsch-Kreinsen „Entwicklungsperspektiven von Produktionsarbeit").

Über neuartige Benutzerschnittstellen kann der Mensch intuitiv verstehen, welchen Aufgaben der Roboter gerade nachgeht und womit er sich in naher Zukunft beschäftigen wird. Wir haben gesehen, dass die Bedienung und Programmierung von Robotern soweit vereinfacht wurde, dass auch Mitarbeiter ohne Spezialqualifikationen mit den Maschinen zusammen arbeiten können. Wie im Beitrag von Bernd Kärcher ausgeführt, haben die Unternehmen die Wahl auch mit Hilfe der Robotik entweder einen technikzentrierten Weg zu gehen (siehe Beispiel RoboGasInspector) oder Mensch und Technik in einer ausgewogenen Gesamtlösung zusammenzuführen (siehe Beispiel JILAS), man kann also menschliche Fähigkeiten ersetzen oder unterstützen.

Die Technik ist bereit. Roboter können ihren umzäunten Sicherheitsbereich verlassen und mit dem Menschen zusammenarbeiten. Neue Schnittstellen erlauben nicht nur eine einfache und sichere Bedienung sondern auch eine echte Kooperation, die auf wechselseitigem Informationsaustausch beruht. Wir können den Interaktionsgrad frei wählen. Kommunizieren wir nur, was zu tun ist? Interagieren wir physikalisch? Kooperieren wir?

Zukunft der Arbeit in Industrie 4.0 – Neue Perspektiven und offene Fragen

Alfons Botthof und Ernst Hartmann

Perspektiven

Die technologischen Innovationen, die mit dem Zukunftskonzept ‚Industrie 4.0' einherge-hen, werden die Arbeitswelt der Zukunft – in der Industrie, aber nicht nur dort – erheblich prägen; in dieser Einschätzung sind sich die Autorinnen und Autoren dieses Bandes einig.

Auch in einigen grundlegenden Fragen, die sich auf das Wesen und die Dynamik dieser Veränderungen beziehen, zeigt sich große Einigkeit.

Zunächst kann als Konsens festgehalten werden, dass die technologischen Innovatio-nen diese Veränderungen in der Arbeitswelt nicht quasi ‚naturgesetzlich' im Sinne eines technologischen Determinismus hervorbringen werden. Die Arbeitswelt der Zukunft unter den Bedingungen von Industrie 4.0 ist gestaltbar und gestaltungsbedürftig.

Diese Gestaltung der Arbeit der Zukunft wird sich paradigmatisch am Konzept des soziotechnischen Systems mit den Dimensionen ‚Mensch', ‚Organisation' und ‚Technik' müssen. Im Hinblick auf die Gestaltungspraxis kommt dabei der Dimension ‚Organisa-tion' besondere Bedeutung zu. Über die inner- und zwischenbetriebliche Organisation werden Wertschöpfungsprozesse realisiert. Die Ausgestaltung der Aufbau- und Ablauf-organisation – und insbesondere die damit verbundene Arbeitsteilung und -kombination – ist der wesentliche Einflussfaktor für die Qualität der Arbeit im Hinblick auf die arbei-tenden Menschen; zentrale Kriterien der Qualität der Arbeit, wie etwa Persönlichkeits-und Lernförderlichkeit, werden hauptsächlich von solchen organisationalen Parametern bestimmt.

Die Ausgestaltung der Technik sollte sich als Konsequenz daraus orientieren an diesen organisationalen Strukturen und an der Qualität der Arbeit für den Menschen, wobei diese beiden Zieldimensionen wiederum interdependent sind.

A. Botthof (✉) · E. Hartmann
Institut für Innovation und Technik (iit), Berlin, Germany
e-mail: botthof@iit-berlin.de

© The Author(s) 2015
A. Botthof, E.A. Hartmann (Hrsg.), *Zukunft der Arbeit in Industrie 4.0*,
DOI 10.1007/978-3-662-45915-7_15

Weiterhin besteht Konsens dahingehend, dass die Gestaltung der Arbeit der Zukunft Antworten geben muss auf die Herausforderungen des demografischen Wandels. Im Hinblick auf länger andauernde Erwerbsbiografien und zunehmende technologische Dynamik sind es vor allem zwei Aspekte der Arbeitsgestaltung, die hier von besonderer Bedeutung sind:

• Die Entlastung des Menschen von Fehlbeanspruchungen physischer wie psychischer Art und
• die Lernförderlichkeit der Arbeitsprozesse als Voraussetzung für lebenslanges Lernen und dynamische Anpassung an sich verändernde Bedingungen.

Es zeichnen sich auf technologischer Ebene neue Möglichkeiten ab, die sowohl im Hinblick auf organisationale Strukturen und Prozesse wie auch auf die Qualität menschlicher Arbeit neue Gestaltungsmöglichkeiten und -herausforderungen mit sich bringen. Zu diesen Entwicklungen gehören zumindest die folgenden:

• Es werden wesentlich mehr und diversere Informationen – in Echtzeit – zur Verfügung stehen. Die – organisationale – Gestaltungsherausforderung bezieht sich hier darauf, wem diese Informationen für welche Aufgaben und Entscheidungen wie zur Verfügung gestellt werden sollen.
• Der Terminus ‚autonome Systeme‘ bezieht sich auf eine neue Qualität der Automatisierung, die auch die komplexe Wahrnehmung der Realität, anspruchsvolle Analysen und Entscheidungsprozesse mit einbezieht. Diese autonomen Funktionen können im Hinblick auf menschliche Arbeit unterstützende (Assistenzsysteme) und ersetzende Wirkung haben, wobei unterstützende und ersetzende Wirkungen in vielfältigen Mischformen, auch differenziert nach Beschäftigtengruppen, auftreten können.
• Im Bereich der Mensch–Technik-Interaktion zeichnen sich zumindest zwei bedeutsame Trends ab. Der eine dieser Trends ist die mit Begriffen wie Virtualisierung und Augmentierung bezeichnete Verschränkung und Integration natürlicher und virtueller Realitäten. Dies weist weit über traditionelle Konzepte der Mensch–Technik-Interaktion hinaus und erfordert neue Beschreibungs- und Gestaltungskonzepte.
• Insbesondere in der Robotik finden sich erste Realisierungen von Formen der Mensch–Technik-Kollaboration und -Kooperation, die ebenfalls über eine bloße ‚Nutzung‘ oder Interaktion von Technik durch Menschen hinausweisen. Auch hier sind grundlegend und möglicherweise paradigmatisch neue Beschreibungs- und Gestaltungskonzepte erforderlich.

Offene Fragen

Auf der Grundlage dieser Einschätzungen hinsichtlich prinzipieller Gestaltungsfragen und absehbarer technischer Optionen stellen sich Forschungsfragen in verschiedenen Gegenstandsbereichen. Zu diesen Fragen gehören die folgenden:

- Welche Herausforderungen und Gestaltungsoptionen ergeben sich hinsichtlich höher qualifizierter Arbeit? Inwieweit werden anspruchsvolle planende und organisierende Tätigkeiten automatisierbar?
- Welche Herausforderungen und Gestaltungsoptionen ergeben sich hinsichtlich geringer qualifizierter Arbeit? Inwieweit und in welchem Umfang werden Tätigkeiten mit geringeren Qualifikationsanforderungen durch autonome technische Systeme übernommen?
- Welche Rolle können Assistenzsysteme spielen, insbesondere auch differenziert nach Anspruchsgehalt der jeweiligen Tätigkeiten und Prozesse? Inwieweit und wie können Assistenzsysteme bei anspruchsvollen Tätigkeiten menschliche Experten in ihrer Expertise – und der weiteren Entwicklung ihrer Expertise – unterstützen? Inwieweit und wie können Assistenzsysteme auch anspruchsvollere Tätigkeiten für Personen mit geringerem Qualifikationsniveau oder Leistungsminderungen beherrschbar machen?
- Wie genau soll die Qualifikations- und Kompetenzentwicklung in der und für die Arbeit umgesetzt werden? In welchem Verhältnis stehen dabei Modelle des Lernens in der Arbeit unmittelbar – lernförderliche Arbeitsorganisation – und arbeitsnahe Formen des Lernens, wie etwa Lernfabriken?
- Wie können autonome technische Systeme mit menschlicher Autonomie in Einklang gebracht werden? Wie stellt man auch in hochautomatisierten Umgebungen menschliche Kontrolle – Kontrolle des Menschen über seine Umwelt und die dort ablaufenden Prozesse – her?
- Welche Gestaltungsmethoden und -methodologien stehen für die Gestaltung der Arbeit in der Industrie 4.0 zur Verfügung? Welche Rolle können dabei Ansätze wie das Ecological Interface Design spielen?